ANDREW MARTIN

26th

INTERIOR DESIGN REVIEW

第 26 届

安德鲁·马丁国际室内设计
大奖获奖作品

［英国］马丁·沃勒　编

卢从周　译

北京安德马丁文化传播有限公司　总策划

凤凰空间　出版策划

U0283399

江苏凤凰科学技术出版社·南京

图书在版编目（CIP）数据

第 26 届安德鲁·马丁国际室内设计大奖获奖作品 /
（英）马丁·沃勒编；卢从周译. -- 南京：江苏凤凰科
学技术出版社，2022.11（2023.1 重印）

ISBN 978-7-5713-3276-1

Ⅰ．①第⋯ Ⅱ．①马⋯ ②卢⋯ Ⅲ．①室内装饰设计
－作品集－世界－现代 Ⅳ．① TU238.2

中国版本图书馆 CIP 数据核字（2022）第 200101 号

第 26 届安德鲁·马丁国际室内设计大奖获奖作品

编　　　者	［英国］马丁·沃勒
译　　　者	卢从周
项 目 策 划	杜玉华
责 任 编 辑	赵　研　刘屹立
特 约 编 辑	杜玉华　马思齐

出 版 发 行	江苏凤凰科学技术出版社
出版社地址	南京市湖南路 1 号 A 楼，邮编：210009
出版社网址	http://www.pspress.cn
总 经 销	天津凤凰空间文化传媒有限公司
总经销网址	http://www.ifengspace.cn
印　　　刷	北京博海升彩色印刷有限公司

开　　　本	965 mm × 1270 mm 1/16
印　　　张	32.25
插　　　页	4
字　　　数	30 000
版　　　次	2022 年 11 月第 1 版
印　　　次	2023 年 1 月第 2 次印刷

标 准 书 号	ISBN 978-7-5713-3276-1
定　　　价	598.00 元（精）

大多数的设计是前人观点想法的累加，是在前人多次迭代的成果上的再次创想，重新组构。正如牛顿所言："如果说我比别人看得更远些，那是因为我站在了巨人的肩上。"

但是正当你感觉一切已经处理妥当，安然前进时，总会出现这样的时刻——有人突然将列车切换到一个全新的轨道上，改变了我们的旅行方向。

设计界的这一时刻发生在20世纪70年代末，以安诺思卡·亨佩尔（Anouska Hempel）设计的伦敦布雷克酒店的开业为标志。这是第一个精品设计酒店，它轰动了业界，并把大家带入了一个激动人心的时代。

身为演员、设计师、女装设计师、酒店老板的安诺思卡·亨佩尔是一个典型的多才多艺的女性。她是20世纪60年代来到伦敦的澳新移民，她的思维并不为当时的思潮所左右。

安诺思卡·亨佩尔在对称、几何体块、重复和尺度等方面的精湛处理，为自己的设计赋以鲜明的特质，结合她众人皆知的完美主义，她的作品虽然完成于50年前，但历久弥新影响着现在。

我们自豪地授予安诺思卡·亨佩尔第一个安德鲁·马丁终身成就奖。

马丁·沃勒（Martin Waller）

安诺思卡·亨佩尔是1981年第一期《室内设计》杂志封面展示空间的设计者

目录

安诺思卡·亨佩尔

设计师： 安诺思卡·亨佩尔（Anouska Hempel）

公司： 安诺思卡·亨佩尔公司

　　该公司位于英国伦敦，专注于酒店、私人住宅、花园、游艇和零售空间的室内设计定制工作。视觉专家安诺思卡·亨佩尔的设计，因其独创性和影响力而受到世界各地的推崇。目前的项目包括一艘意大利游艇的总体设计、一个位于智利圣地亚哥的大型酒店项目，以及美国费城贝悦酒店项目和一个摩洛哥马拉喀什的酒店项目。近期的项目包括位于法国巴黎的乔治先生精品酒店、位于英国伦敦格拉夫顿街3号的一处重要私宅，以及肖氏别墅的花园、室内、建筑和景观设计。

设计理念： 神秘、浪漫、戏剧效果和完美；一个乌托邦式的故事将被讲述和展开。让梦想成为现实，每一寸空间都充满美丽、喜悦和魅力

吴滨

设计师： 吴滨（Ben Wu）

公司： 无间设计

　　该公司位于中国上海，专注于中国建筑的高档室内设计、高端住宅开发和精品酒店设计。近期的项目包括位于上海的别墅、位于浙江的奢华精品酒店以及位于深圳的艺术及生活方式美学空间。目前的项目包括位于西安的展陈空间以及分别位于浙江与重庆的高档公寓。

设计理念： 摩登东方

吉米马丁工作室

设计师： 吉米·卡尔森（Jimmie Karlsson，图左）和马丁·尼尔马尔（Martin Nihlmar，图右）

公司： 吉米马丁工作室

　　该工作室位于英国伦敦，专注于全球的高端住宅和商业项目，包括别墅住所、城市公寓、精品酒店和办公空间，以及他们自己的定制家具和艺术品系列。目前的项目包括一个位于阿联酋阿布扎比的跨国公司的总部、一处位于英国伦敦北部的顶层公寓和一座位于温莎的4居室联排别墅。近期的项目包括位于英国莱切斯特郡的一个大型农舍改造、位于英国菲茨罗维亚的一个尖端文身工作室以及位于澳大利亚的一座大型现代海滩别墅。

设计理念： 大胆而出人意料，奢华而优雅

肖恩·安德森
设计工作室

设计师： 肖恩·安德森（Sean Anderson）

公司： 肖恩·安德森设计工作室

　　该工作室位于美国田纳西州，为北美及其他地区的住宅和酒店项目提供定制室内设计服务。目前的项目包括位于美国纽约翠贝卡的一处顶层公寓、位于美国得克萨斯州丘陵地区的一座农庄和位于西班牙北部的一处历史院落。近期的项目包括位于美国亚拉巴马州的一个家庭湖畔疗养地、位于美国佛罗里达州那不勒斯的一个冬季疗养地和位于美国田纳西州的一座拥有百年历史的意大利式宅邸。

设计理念： 保持室内设计激发的生活灵感。以定制的、灵性的空间，叙述主人的独特故事

设计师：基特·肯普（Kit Kemp）

公司：基特·肯普设计工作室

　　基特·肯普是基特·肯普设计工作室的创始人及菲尔姆代尔酒店集团的创意总监，工作室负责住宅和酒店的室内设计，在英国伦敦和美国纽约设有办公室。近期的项目包括一栋位于英国伦敦索霍区的包含办公空间、豪华公寓及室内外活动和娱乐空间的新建筑，一栋位于美国纽约韦斯特切斯特的大宅及巴巴多斯一处度假屋的扩建。基特还与美国设计师安妮·塞尔克合作设计系列地毯和配件，与英国著名瓷器品牌斯波德（Spode）合作设计系列瓷器，与美国装饰涂料专家安妮·斯隆合作设计系列油漆。

设计理念：房间设计要遵循"5c"原则，"5c"即颜色、舒适、个性、工艺和策划（colour, comfort, character, craft and curation）

广州共生形态
工程设计有限公司

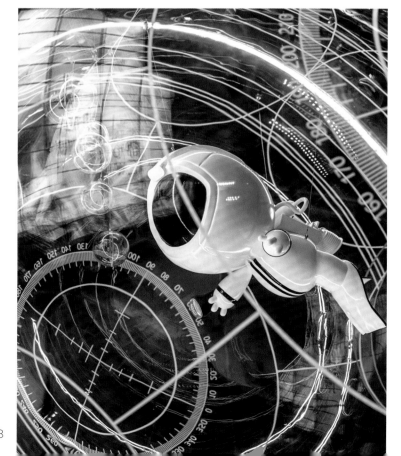

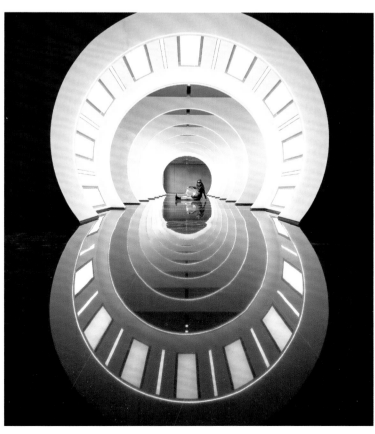

设计师： 彭征（Zheng Peng）

公司： 广州共生形态工程设计有限公司

　　该公司专注于全球的建筑和室内设计，业务涵盖度假酒店、商业空间、办公空间、住宅等领域。目前的项目包括河源保利生态城·星空小镇（河源图书馆分馆）、珠海星河糖厂文化博物馆、德阳特斯联AI PARK（办公总部及主力店）。近期代表项目包括广州时代地产中心改造设计（现代化办公总部）、成都·世纪缦云销售中心及公寓样板房，以及佛山美的山水半岛庄园别墅项目等。

设计理念： 人与自然、人与技术、人与人之间的共生

贝尔维沃
设计公司

设计师： 拉斐尔·贝尔（Raphaël Le Berre，图左）和托马斯·维沃（Thomas Vevaud，图右）

公司： 贝尔维沃设计公司

　　该公司位于法国巴黎，为全球各地的私人住宅和商业项目提供高端室内设计服务，并设计备受追捧的家具系列。目前的项目包括巴黎一幢带家庭水疗中心的联排别墅的改造、多处位于巴黎的住宅项目，以及位于巴黎圣日耳曼德普雷斯的贝尔维沃画廊。近期的项目包括位于巴黎第16区的一套带屋顶露台的三层公寓，以及在希腊安提帕罗斯的一处大型地中海风格地产。同时该公司还与法国艺术家合作推出了自己的限量版"巴恩凳"（于2022年6月在Révélations博览会上展出）。

设计理念： 融汇法式精髓于现代，以孟菲斯运动的几何形式和冲击感色彩，结合平面、形体和材质，营造建筑感透视效果

安吉洛斯·安吉洛普洛斯设计公司

设计师：安吉洛斯·安吉洛普洛斯（Angelos Angelopoulos）

公司：安吉洛斯·安吉洛普洛斯设计公司

　　该公司位于希腊雅典，从私人客户到商业项目、精品酒店、大型酒店、水疗中心、俱乐部会所和活动场所均有涉猎，公司业务范围涵盖室内设计、建筑设计、照明设计和景观美化。目前的项目包括位于希腊克里特岛的81公顷海上度假酒店和水疗中心（配备300间卧室、50间套房，以及健身房、水疗中心、餐厅和游泳池区），位于希腊米科诺斯岛的一处拥有9间卧室的私人住宅（拥有独特的180°日落景观、室内早餐吧、水疗中心、游泳池、酒吧、室外电影院、桑拿房和健身房），位于希腊罗德斯岛的一家精品城市酒店。近期的项目包括位于希腊雅典市中心的一座有100年历史的高档住宅，位于米科诺斯岛的一家享有180°海景的豪华酒店，以及位于希腊伯罗奔尼撒半岛的一座海滨别墅。

设计理念：整体化设计，提升生活品质

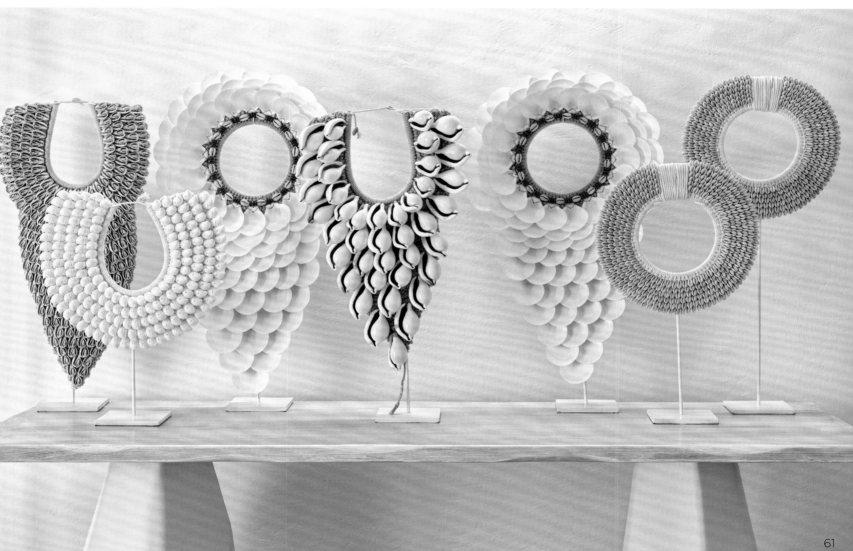

本斯利公司

设计师： 比尔·本斯利（Bill Bensley，图右）

公司： 本斯利公司

　　该公司在泰国曼谷和印度尼西亚巴厘岛都设有办公室，这是一个由年轻且充满活力的建筑师、室内设计师、艺术家和景观设计师组成的团队，他们专注于世界各地的可持续的高端酒店设计。目前的项目包括位于刚果共和国国家公园内的一系列帐篷营地和小屋，一个位于尼泊尔的辛塔玛尼度假村，以及一家位于泰国考艾的由改造的火车车厢组成的洲际酒店。近期的项目包括位于老挝的红木琅勃拉邦酒店、位于越南河内的歌剧主题的嘉佩乐酒店和位于印度尼西亚巴厘岛乌布的嘉佩乐酒店，乌布的嘉佩乐酒店在2020年世界顶级旅游杂志《旅游+休闲》（*Travel+Leisure*）评选的全球前100名最佳酒店排名中排第一。

设计理念： 奇怪出卓越

图宴设计团队

设计师： 毛继军（Jijun Mao，第73页图左三）、张灿（Can Zhang，第73页图右一）、童秦川（Qinchuan Tong，第73页图右二）

公司： 图宴设计团队

　　该团队位于中国成都。"图宴"是位于成都高新区的一个充满宋代隐逸氛围的餐厅，图宴的空间设计，来自14位中国知名设计师，他们分别将14首宋词中的美学层次与秩序，融合在纯粹的墨色中，构成一条归于灯火阑珊的宋时深巷。室内1900平方米，零落11间巷房，户外500平方米，星点6间禅亭，呈现出真正的宋代隐逸生活美学。目前的项目包括毛继军：新山书屋麓湖店，浩南家家常菜；张灿：四川大学博物馆一期，天府艺术公园；童秦川：四川凤仪湾中法农业循环园、阆中水城酒店景观。

设计理念： 水墨入画

ROUGE ABSOLU
设计公司

设计师： 杰拉尔丁·B. 普列尔（Géraldine B. Prieur）

公司： ROUGE ABSOLU设计公司

该公司位于法国巴黎，专门从事住宅、酒店、门店、私人飞机和游艇项目的高档室内设计，还为国际品牌进行场景设计。目前的项目包括位于法国巴黎、英国伦敦、摩纳哥和阿联酋迪拜的住宅项目，一家位于巴哈马的酒店，法国酩悦·轩尼诗－路易·威登集团和开云集团的品牌场景设计，以及一架私人飞机的室内设计。近期的项目包括位于巴黎的酒店、精品店以及一艘游艇和一架私人飞机的室内设计，位于伦敦、纽约和汉普顿的私人住宅设计。

设计理念： 创意多元，专注细节

凯塔·特纳
设计工作室

设计师：凯塔·特纳（Keita Turner）

公司：凯塔·特纳设计工作室

　　该工作室位于美国纽约，是一家提供全方位服务的室内和产品设计工作室，专注于全面翻修、新建筑施工和环境的完善。凯塔·特纳设计工作室与建筑师、建筑商、承包商、工匠和定制家具制造商密切合作，为全球众多知名客户提供服务。目前的项目均在美国，包括位于佛罗里达州的一栋地中海式海滨住宅、位于华盛顿特区乔治敦的一处豪华高层公寓、位于北卡罗来纳州的一处新建住宅，以及位于纽约和新泽西州北部地区的住宅公寓和联排别墅。近期的项目均在美国，包括一座位于布鲁克林迪特马斯公园的维多利亚时代匠人的平房住宅、一座位于布鲁克林威廉斯堡的合作公寓、一座位于纽约曼哈顿的公寓、位于纽约的巴尼斯纽约精品店的冬季橱窗展示以及奥尔登·帕克斯（Alden Parkes）展览馆。

设计理念：创造变革性、持久性的设计，振奋人类精神

设计师：李文强（Wenqiang Li）

公司：皮爱纪设计

　　该工作室位于中国杭州，成立于2015年，以类似文学创作的方式构思空间结构，强调艺术在设计应用中的实用价值。目前的项目包括位于杭州的桂花里餐厅、温州的奈尔宝亲子游戏中心和杭州的马丁·戈雅艺术空间。近期的项目包括在厦门为斐乐和安踏建造的室内儿童体育场、一栋位于成都的房子，以及位于上海的一家夜店。

设计理念：用可爱拯救城市

皮爱纪设计

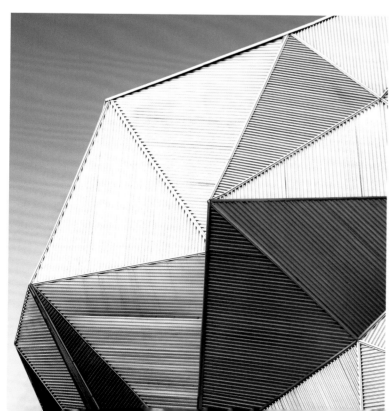

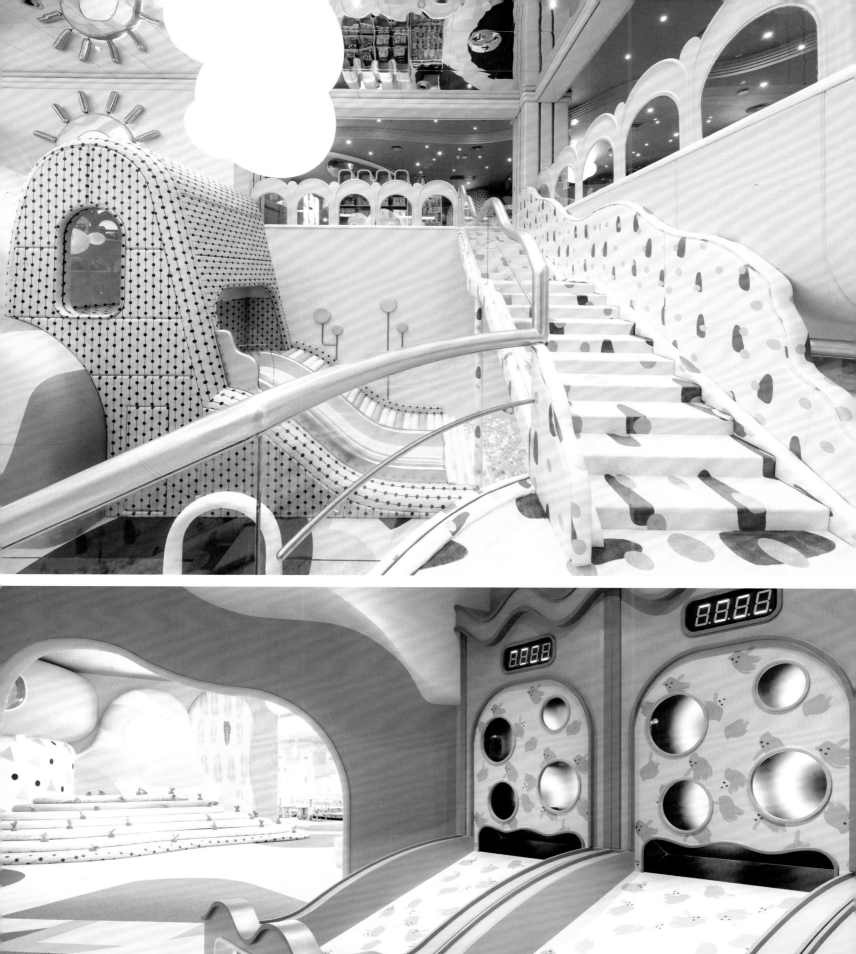

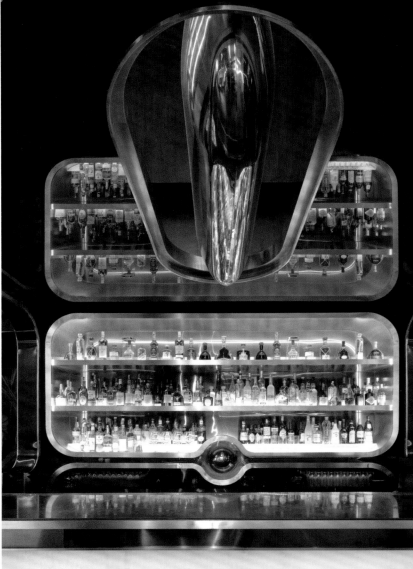

卡拉·柴尔德里斯

设计师：卡拉·柴尔德里斯（Kara Childress）

公司：卡拉·柴尔德里斯公司

　　该公司是一家总部位于美国得克萨斯州休斯敦的国际知名室内设计公司，与美国各地的顶级建筑师、建筑商和供应商密切合作。目前的项目包括美国蒙大拿州怀特菲什的一座山间小屋（有泉水、池塘、谷仓和客栈）、位于得克萨斯州广阔牧场的两座别墅，以及位于佛罗里达州庞特韦德拉的一处海滨别墅。近期的项目包括美国一家位于休斯敦格兰杜查酒店的正宗意大利餐厅、一家位于科罗拉多州巴萨尔特的山地别墅，以及一家位于休斯敦橡树园的比利时农舍风格的周末庄园。

设计理念：恒久的欧陆怀旧风情

孙天文

设计师：孙天文（Tianwen Sun）

公司：上海黑泡泡建筑装饰设计工程有限公司

该公司位于中国上海，成立于2006年，是一家以理性和创新为理念的设计公司。公司旨在为大型酒店、精品酒店、高端酒店、会所、办公楼等空间的业主，创造性地解决室内设计中的各种问题。目前的项目包括一座位于苏州的综合商务中心和两座位于南京的写字楼。近期的项目包括一栋位于上海的大房子、一个位于杭州的销售办事处和一个位于上海的办公项目。

设计理念：设计的主要目标不应该停留于使用和观赏，而是要上升到影响

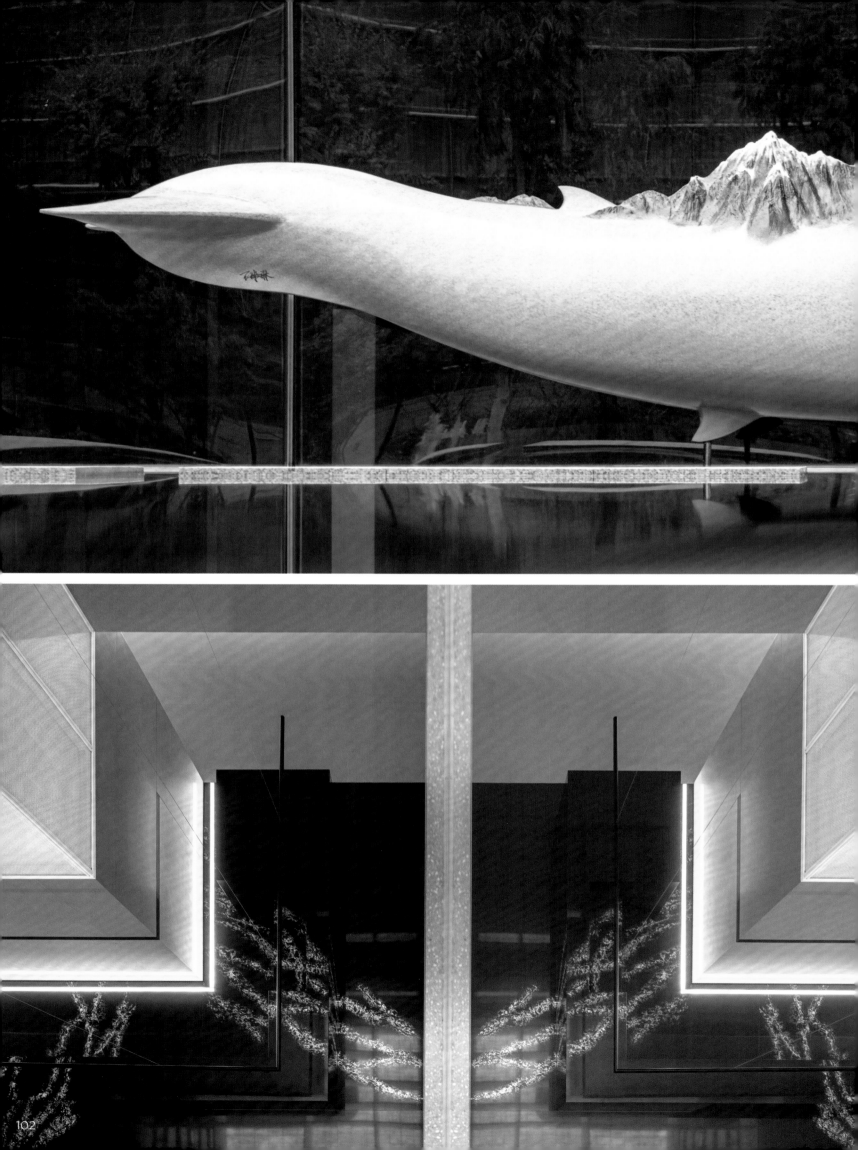

乔·毕

设计师： 乔·毕（Jo Bee）

公司： 乔·毕设计工作室

　　该公司位于英国伊尔克利。乔·毕以其高超的设计技巧和对色彩的热爱而闻名。她具有将纺织品、艺术和独特思维结合起来的天赋，并利用这种天赋为私人住宅和商业项目创造富有想象力的原创方案。目前的项目包括重新设计4个相互连通的生活空间，即一个历史悠久的独立住宅中的休息室、餐厅、厨房和起居室；用同色系设计一套三居室公寓；对一家位于英国约克郡戴尔斯国家公园的迷人的旧农舍进行翻新。近期的项目包括对4个破旧的小屋进行商业改造，以及一个带有拱形天花板的大型住宅项目。

设计理念： 令人愉悦的独特，折中、快乐和趣味

斯蒂芬妮·库塔斯

设计师： 斯蒂芬妮·库塔斯（Stéphanie Coutas）

公司： 斯蒂芬妮·库塔斯公司

　　该公司位于法国巴黎，是一支由建筑师、软装师和室内设计师组成的团队，在全球范围内开展从私人住宅到豪华酒店和精品店的设计项目。除室内项目外，斯蒂芬妮·库塔斯还为法国巴黎画廊的展览做家具设计和照明设计。她还与巴卡拉、THG（法国卫浴品牌）和太平等国际知名品牌进行设计合作。目前的项目包括法国的位于圣特罗佩的别墅、位于圣巴特莱米的别墅和多套位于巴黎的公寓。近期的项目包括十几个住宅项目和两个酒店项目。

设计理念： 豪华而现代的空间，融合精致的波希米亚时装精神，将法国品味和无与伦比的工艺融为一体

埃莉森·亨利
设计工作室

设计师：埃莉森·亨利（Alison Henry）

公司：埃莉森·亨利设计工作室

　　该工作室位于英国伦敦，专门从事室内设计与家具设计，专注于国际住宅、高档酒店和超级游艇的室内设计。目前的工作包括一栋位于美国马里布的海滩别墅、一栋位于法国圣让·卡普·费拉特的别墅、一栋位于泰国的悬崖别墅、一栋位于英国科茨沃尔德的乡村庄园别墅。近期的项目有几栋位于英国切尔西、贝尔格拉维亚和梅菲尔的高档住宅。

设计理念：让每一个空间都充满优雅和富丽堂皇

陈暄

设计师： 陈暄（Lea Chen）

公司： 十上建筑

　　该公司位于中国北京，专注于全球的高端别墅、公寓、艺术家工作室、阁楼、精品酒店、餐厅、零售店、办公空间、美术馆和文化机构的设计。目前的项目包括上海的汤臣一品私宅，以及北京SKP-S商场中正在筹备的豪华手表零售店的室内设计。近期的项目包括一栋位于杭州千岛湖的私人别墅和一栋位于南京的面积为3000平方米的别墅。

设计理念： 艺术优雅

豪尔赫·卡涅特

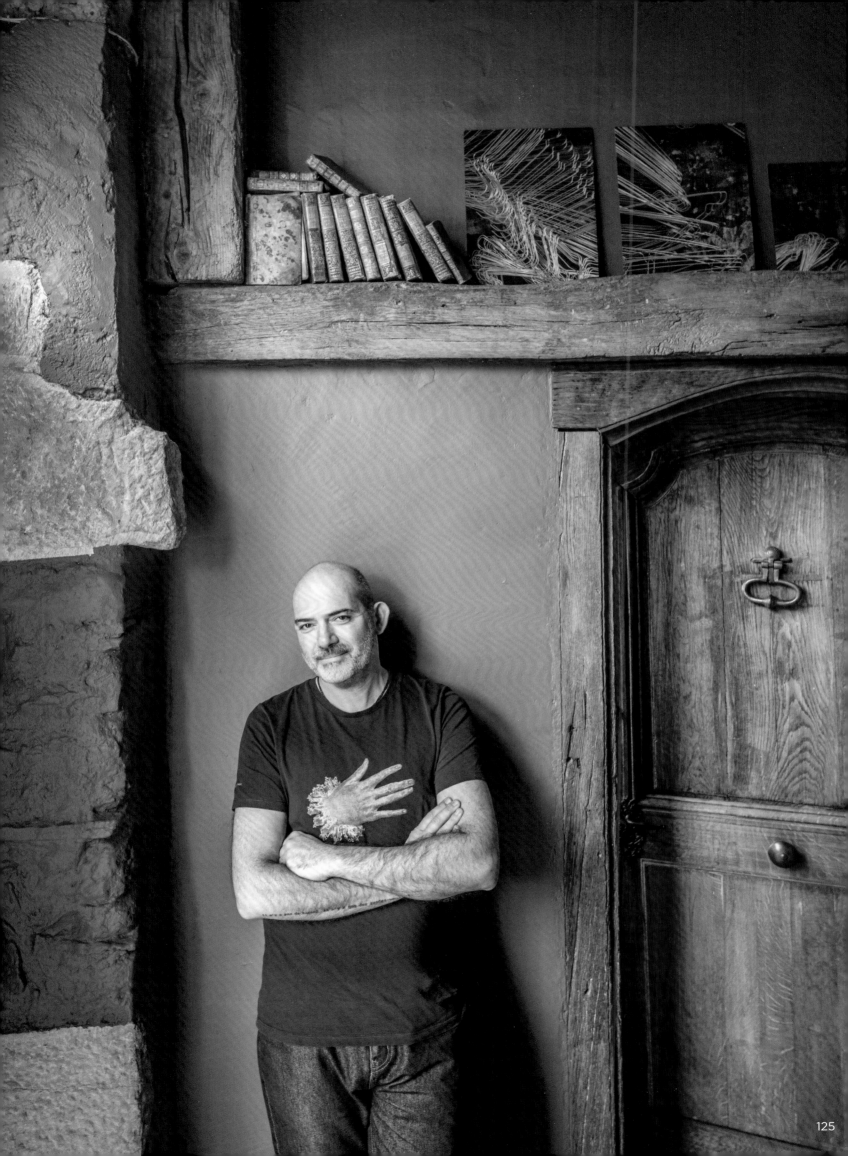

设计师： 豪尔赫·卡涅特（Jorge Cañete）

公司： 室内设计哲学工作室

　　该工作室位于瑞士沃州，豪尔赫·卡涅特结合3种灵感来源：环境、地点的特性和客户的情感做设计，从而构成自己独特而动人的手法，每个项目都具有鲜明的个性和诗意。目前的项目包括一座位于法国博纳的有历史意义的高档住宅、一座位于瑞士日内瓦湖边的传统别墅和一套位于意大利维罗纳的现代公寓。近期的项目包括瑞士一座中世纪住宅、一座位于瑞士卢塞恩湖前的私人公寓以及一座当代艺术画廊。

设计理念： 叙事如诗，美化室内

苏菲·佩特森
室内设计工作室

设计师： 苏菲·佩特森（Sophie Paterson）

公司： 苏菲·佩特森室内设计工作室

　　该工作室位于英国伦敦，为全球的私人客户及开发商提供高档住宅室内设计。在苏菲的带领下，由天才室内设计师组成的经验丰富的团队为客户提供个性化设计服务，创造细节至上的室内空间。目前的项目包括两栋位于阿曼首都马斯喀特、面积为2000多平方米的别墅和一栋属于英国二级保护文物的联排别墅（距离维多利亚与艾尔伯特博物馆仅一步之遥）。近期的项目包括在英国伦敦肯辛顿一栋面积为1100多平方米的四层新建住宅、一座大型休闲综合体，一栋位于英国伦敦切尔西中心区的五层联排别墅，以及对一套位于英国伦敦骑士桥的公寓进行全面翻新。

设计理念： 经典、现代、放松

陈飞波

设计师： 陈飞波（Bob Chen）

公司： 陈飞波设计事务所

　　该事务所位于中国杭州，专注于中国高端私人住宅和精品酒店设计。目前的项目包括中国沿海地区的私人别墅和精品酒店、苏州和广州的别墅及杭州西湖边的精品酒店。最近的项目包括上海明月松间酒店、江苏松韵小筑餐厅、苏州音昱别墅、广州翡丽山别墅等。

设计理念： 好的设计应该是合适的、适度，希望能直达人心，良好使用

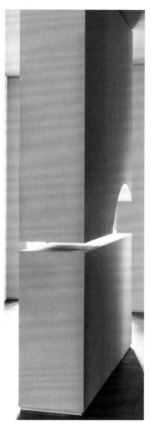

格雷格·纳塔莱

设计师： 格雷格 · 纳塔莱（Greg Natale）

公司： 格雷格 · 纳塔莱设计工作室

    该工作室位于澳大利亚悉尼，专注于高档住宅和商业空间的建筑和室内设计。目前的项目包括一处位于澳大利亚维多利亚州的历史悠久的宅邸、位于澳大利亚达令赫斯特的格雷格 · 纳塔莱工作室新总部和一处住宅，以及一座位于美国西好莱坞的住宅的翻新。近期的项目包括澳大利亚莫斯曼的一栋海滨别墅（以米兰内基 · 坎皮里奥别墅为灵感），位于维多利亚州的一个零售品牌的员工总部，以及位于悉尼西部的维多利亚式高档住宅。

设计理念： 精致、量身定制、层次感

洛里·莫里斯

设计师：洛里·莫里斯（Lori Morris）

公司：洛里·莫里斯设计工作室

　　该工作室位于加拿大安大略省，目前的项目包括位于加拿大多伦多的巴黎风格高端公寓开发项目、位于尼亚加拉湖畔葡萄酒区的专属精品酒店设计和建造项目，以及位于多伦多跑马地、面积为3600平方米的私人住宅项目。近期的项目包括一座定制的面积为1800多平方米的英国乡村石头庄园，一座面积为1300多平方米的法国私人城堡，以及一座位于美国博卡拉顿的私人海滨别墅设计和住宅建造。

设计理念：美艳奢华、独特而不循规蹈矩

VSP室内设计公司

设计师: 亨利内特 · 范 · 斯托克豪森 (Henriette von Stockhausen)

公司: VSP室内设计公司

    该公司位于英国多塞特郡,亨利内特 · 范 · 斯托克豪森是创造纯粹室内设计的专家,营造真实与环境和谐的作品。目前的项目包括位于英国德文郡和牛津郡的佐治亚风格庄园、一座位于威尔特郡的农舍、多座位于多塞特郡的庄园、一座位于约克郡的工艺品屋,以及一栋位于美国加利福尼亚州蒙特西托的房子。近期的项目包括位于英国伦敦的几栋联排别墅、一座位于牛津郡的英国二级保护文物建筑、一座位于汉普郡的乔治王时代的房子,以及一栋位于多塞特郡的乳品场的翻新。

设计理念: 以充满活力、个性化的方式打造舒适经典的乡村别墅

徐麟

设计师: 徐麟(Lin Xu)

公司: 立方体设计事务所

　　该事务所位于中国广州,设计师徐麟同时也是鲁迅美术学院教授,专攻娱乐空间设计,包括酒吧、夜总会、餐厅、水疗中心和酒店。目前的项目包括美国洛杉矶D' VINE娱乐中心、新加坡K-Star餐厅和中国成都锦泰悦汇俱乐部。近期的项目包括一个位于佛山的综合娱乐空间、一个位于深圳的娱乐空间和位于成都的世纪锦城汇俱乐部。

设计理念: 华丽、大胆、有趣,玩转色彩,把娱乐设计推向高峰

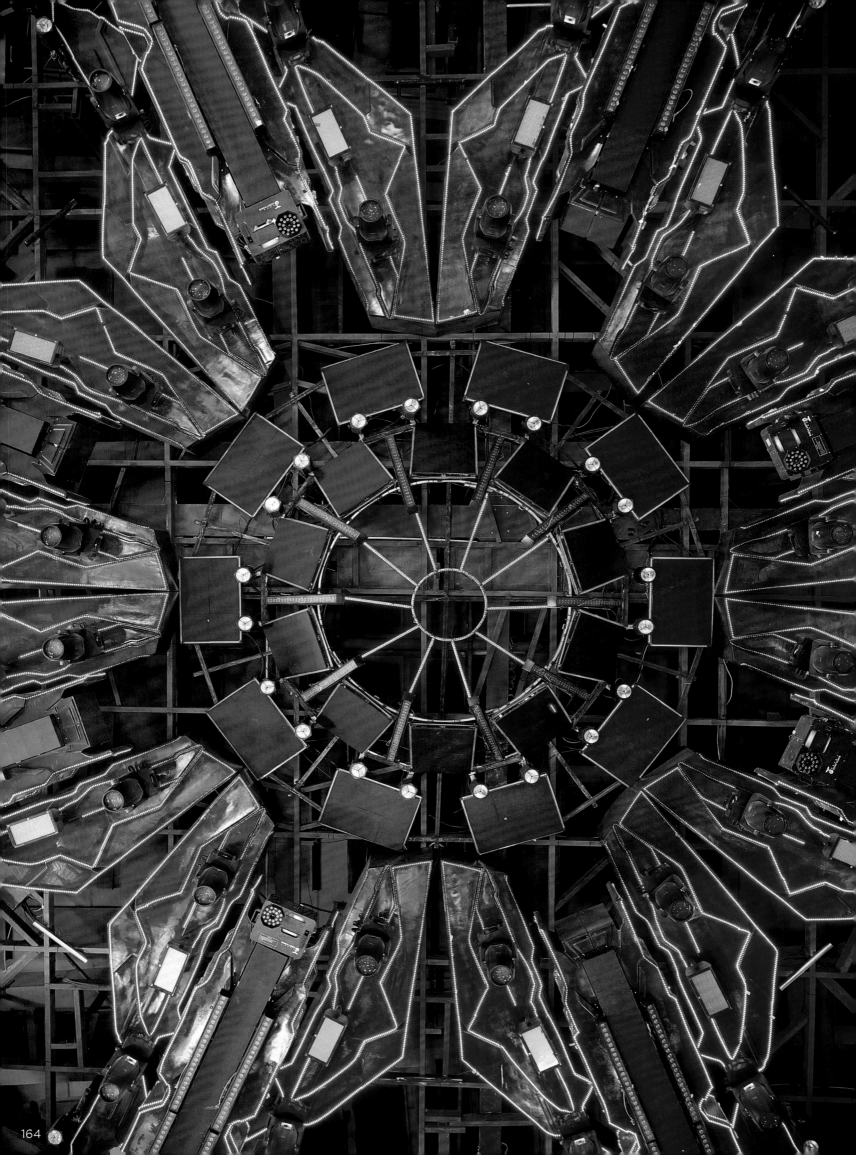

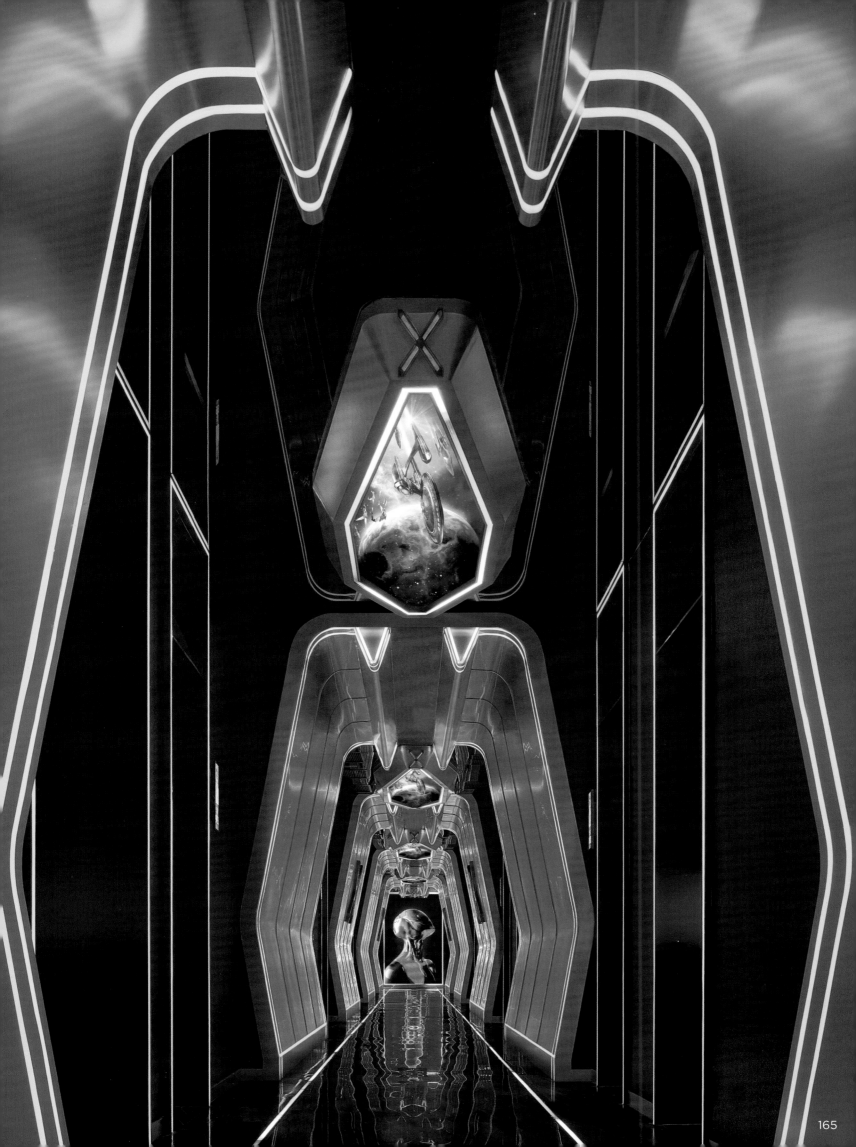

法布里斯·胡安

设计师：法布里斯·胡安（Fabrice Juan）

公司：法布里斯·胡安工作室

　　该工作室位于法国巴黎，专注于法国高端建筑室内设计，尤其是私人住宅。该工作室还开发了一系列家具和餐具。目前的项目包括3套位于巴黎的公寓。近期的项目包括位于法国费雷角的海滩别墅和一套位于巴黎的公寓。

设计理念：量身定制的优雅

翠茜·凯莉

设计师：翠茜·凯莉（Tracy Kelly）

公司：翠茜·凯莉设计工作室

　　该工作室位于南非夸祖鲁-纳塔尔省，主要业务是在博茨瓦纳、津巴布韦和南非设计豪华狩猎小屋，服务内容还延伸到精品酒店、商业空间和住宅开发。目前的项目包括位于津巴布韦赞比西河沙滩旁边的姆帕拉·杰纳营地，以及位于博茨瓦纳奥卡万戈三角洲私人保护区草原上的一个私密的帐篷度假胜地——小黑貂。近期的项目包括位于南非卡尔谷的琥珀林精品住宅、一个高档社区里的精品住宅以及图卢迪——有7间不同风格的树屋。

设计理念：利用植物和动物群营造坐拥自然之美，英式的经典中带些许非洲意境

杨基

设计师: 杨基 (Ji Yang)

公司: 外层空间设计室

该设计室位于中国辽宁,主要在中国从事商业空间室内设计,包括健身俱乐部、餐厅、销售中心和夜总会。目前的项目包括位于深圳、沈阳和成都的健身俱乐部。近期的项目包括位于大连的一家咖啡馆和一家健身俱乐部、一家位于重庆的健身俱乐部,以及一个位于大连的办公室。

设计理念: 不同

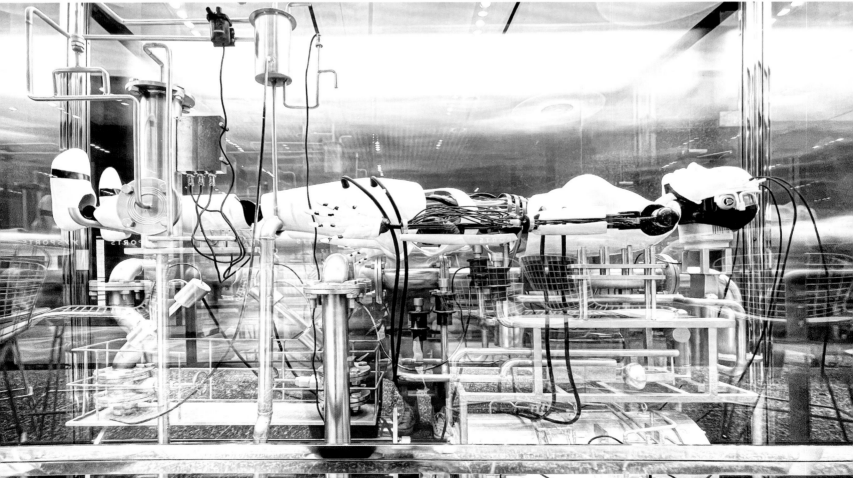

娜奥米·阿斯特里·克拉克

设计师： 娜奥米 · 阿斯特里 · 克拉克
（Naomi Astley Clarke）

公司： 娜奥米 · 阿斯特里 · 克拉克工作室

　　该工作室位于英国伦敦，专注于住宅和商业空间的翻新。目前的项目包括英国的一处位于考文特花园包含6个卧室的顶层复式公寓、一处位于萨福克的私人住宅及一栋位于西萨塞克斯的海滩别墅。近期的项目包括位于英国伦敦骑士桥的米其林星级餐厅Pied à Terre、一栋切尔西联排别墅和一个诺福克教区住宅。

设计理念： 忘却自我的永恒优雅

AK室内设计工作室

设计师： 亚历山大·科兹洛夫（Alexander Kozlov，图右）

公司： AK室内设计工作室

　　该工作室位于俄罗斯莫斯科，专注于世界各地的建筑和室内设计，涉及住宅、精品酒店和私人办公室。目前的项目包括一处位于莫斯科的湖滨住宅、一处位于摩洛哥蒙特卡洛的公寓和一座位于塞浦路斯皮斯索里的房子。近期的项目包括一个位于蒙特卡洛的私人办公室、一个位于莫斯科的水疗中心和位于俄罗斯索契的海滨公寓。

设计理念： 量身定制

邓宁·埃弗拉德工作室

设计师： 斯蒂凡妮·邓宁（Stephanie Dunning，右二）

公司： 邓宁·埃弗拉德工作室

    该工作室位于英国威尔特郡，项目遍布全球，承担各种规模的项目，从乡村住宅和城市住宅，到精品酒店和商业活动空间。该工作室与最优秀的手工艺人、艺术家、古董经销商和当代创作者合作。目前的项目包括位于英国温彻斯特的一栋房子的全新设计（需要增加一个橘子园）、位于英国汉普郡的一栋大型乡村住宅及附属建筑的建造、对一栋列入英国二级保护文物的乡村住宅进行全新设计。近期的项目包括位于英国拉特兰郡的埃克斯顿庄园（一座新建建筑，里面有餐饮和活动中心，坐落在一个占地24公顷的葡萄园内），位于英国约克郡荒野中心的一座具有300年历史的农舍，以及位于英国英格兰南部海岸一栋被列为英国二级保护文物的佐治亚和摄政风格别墅的翻新改造。

设计理念： 先倾听，再观察，后设计

奥尔加·阿什比
室内设计工作室

设计师： 奥尔加·阿什比（Olga Ashby）

公司： 奥尔加·阿什比室内设计工作室

　　该工作室位于英国伦敦，在全球范围内从事商业和住宅项目的设计工作，包括私人住宅及精品酒店。目前的项目包括意大利一座位于普利亚的精品酒店、英国一处位于荷兰公园的私人住宅和一栋位于萨里的别墅。近期的工作包括英国摄政公园开发区的复式公寓，以及一处位于英国切尔西的独特复式公寓。

设计理念： 高度个性化的终极愿景

唐忠汉

设计师： 唐忠汉（Chung‑Han，Tang）

公司： 近境制作空间设计咨询（上海）有限公司

　　该公司位于中国上海，其设计作品中充满着对生活的热情，强调自然清晰的原始设计，探索未来空间的发展方向。目前的项目包括位于南昌、成都的万科样板间，广州华润金沙洲样板间及售楼处，佛山玛格展厅，宁波美罗堡展厅等。

设计理念： 设计源自于对生活的热情，活力、单纯、亚洲风格；以材质承载情绪，以光影记录时间；以最真诚的人文精神，诉说着空间的故事

ARRCC设计工作室

设计师： 马克·瑞利（Mark Rielly，左四）、乔恩·凯斯（Jon Case，右一）、米歇尔·罗达（Michele Rhoda，左三）

公司名称： ARRCC设计工作室

　　该工作室位于南非开普敦，是一家享誉全球的住宅、酒店和休闲空间的室内设计工作室。目前的项目包括一栋位于阿联酋迪拜的宫殿式住宅、一座位于美国洛杉矶霍尔比山的住宅，以及一栋位于中国广州的顶层公寓。近期的项目包括一套位于希腊雅典的豪华顶层公寓，一套位于南非开普敦的现代住宅（可以看到当地地标桌山和克利夫顿原始海滩的壮丽景色），以及一栋位于迪拜朱美拉棕榈岛上面积为14000平方米的住宅。

设计理念： 整体化，感性化，提升生活品质

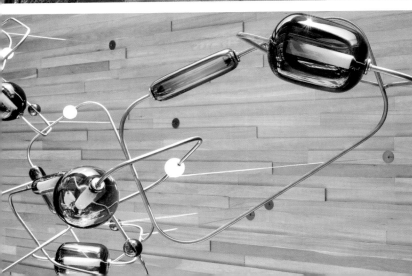

柿谷耕司

设计师：柿谷耕司（Koji Kakitani）

公司：柿谷耕司工作室

该工作室位于日本东京，项目涉及广泛，包括餐厅、零售店、商业设施、公共区域、办公室、展厅和个人住宅。目前的项目包括餐厅、位于东京的美发沙龙和日本全国的PLAZA商店。近期的项目包括位于东京的高级法国餐厅、日本全国各地的烹饪学校以及日本各地的化妆品店。

设计理念：思考设计的意义，提升社会认知

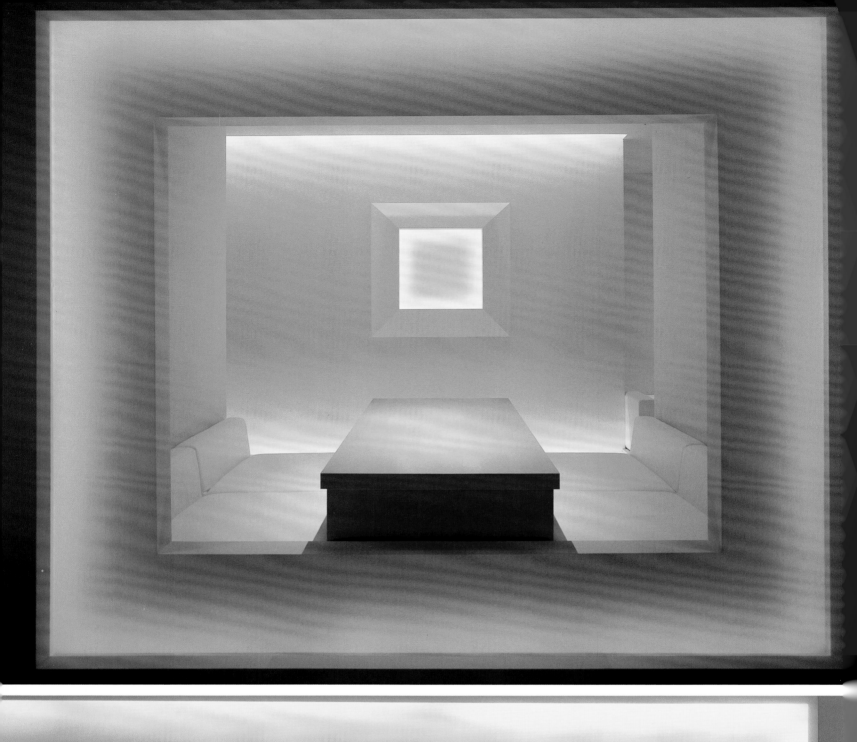

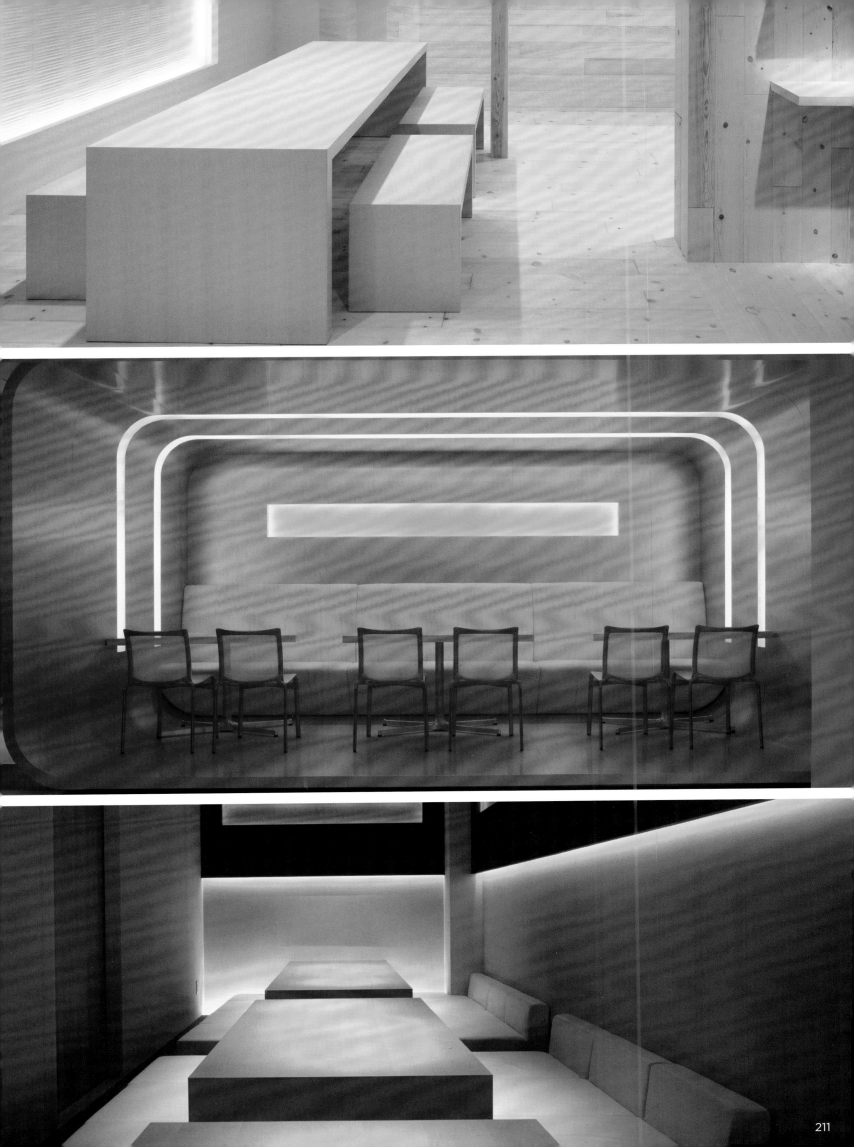

米兰妮·特纳
室内设计工作室

设计师： 米兰妮·特纳（Melanie Turner）

公司： 米兰妮·特纳室内设计工作室

　　该工作室位于美国亚特兰大，承接美国、墨西哥和其他地区的高端室内设计。米兰妮还撰写了《美丽房间的新视角》（*A Fresh Take on Beautiful Rooms*）一书。目前的项目包括一栋1926年的意大利别墅、一栋位于美国亚特兰大的R&B艺术家庄园、一栋位于墨西哥卡波的豪华庄园和一栋位于美国蒙大拿州黄石俱乐部的山间别墅。近期的项目包括一栋位于美国佛罗里达州的里亚德海滩别墅、一座大型住宅，以及两座摄政风格住宅的翻新设计。

设计理念： 平衡和策划，彰显艺术和建筑细节

设计师： 徐珊珊（Shanshan Xu）

公司： 魔匠德克空间设计事务所

　　该事务所位于中国武汉，专注于私人住宅、创意商业空间及民宿的设计，包括咖啡馆、酒吧和度假酒店。目前的项目包括一家位于新疆琼库什台的民宿、一家位于武汉的酒吧及一些位于武汉的私人住宅。近期的项目包括一个位于湖北的民宿示范区、各种家具和软装饰展厅，以及武汉的多处私人公寓和别墅。

设计理念： 设计是照亮生活的光

阿尔比昂·诺德工作室

设计师：本·约翰逊（Ben Johnson，左一）、奥塔莉·斯特莱德（Ottalie Stride，左二）、安东尼·库珀曼（Anthony Kooperman，右二）、卡米拉·克拉克（Camilla Clarke，右一）

公司：阿尔比昂·诺德工作室

　　该工作室位于英国伦敦，专门从事全世界住宅、酒店和健康行业空间的设计。目前的项目包括一座位于英国牛津郡的詹姆士一世时期的私人住宅、一座位于英国荷兰公园的住宅，以及一家位于英国伦敦市中心的世界级酒店。近期的项目包括一栋位于英国伯克郡的私人住宅、两栋位于英国切尔西的联排别墅，以及英国荷兰公园的25套公寓。

设计理念：精诚策划空间，尊重历史和背景

泽内普·法蒂里奥格鲁

设计师：泽内普·法蒂里奥格鲁（Zeynep Fadillioğlu）

公司：泽内普·法蒂里奥格鲁设计工作室

该工作室位于土耳其伊斯坦布尔，即将迎来成立30周年庆典，项目从私人高档住宅、酒店、餐厅、清真寺到品牌设计都有涉及。目前的项目包括伊斯坦布尔半岛酒店的室内设计、一座位于卡塔尔多哈的纪念性建筑（面积为4500平方米）和两座位于阿曼的总面积超过4000平方米的高档住宅。近期的项目包括位于美国波士顿的屡获殊荣的纳西塔餐厅、位于伊斯坦布尔的高层房地产开发区的5栋豪华住宅，以及卡塔尔皇室成员的一部分宫殿。

设计理念：以独特方式汇集多元文化，以当代视野融汇历史和传统

成都璞石品牌设计
有限公司

设计师： 毛继军（Jijun Mao）

公司： 成都璞石品牌设计有限公司

　　该公司位于中国成都，为餐厅、酒吧、书店与服装店提供完整的设计方案。目前的项目包括位于成都天汇万科城市广场的新山书屋、位于成都航空路的兵哥豌豆面丰德店和位于成都龙湖滨江购物中心的泰式火锅店——生如夏花。近期的项目包括位于贵阳的新山书屋、位于成都的威士忌烧烤餐厅和如释精品酒店。

设计理念： 定制的简约

凯瑟琳·普丽工作室

设计师：凯瑟琳·普丽（Katharine Pooley）

公司：凯瑟琳·普丽工作室

　　该工作室位于英国伦敦，是一支由47名室内设计师和建筑师组成的团队，致力于在全球范围内创造美丽、独特和开创性的设计。目前的项目包括位于美国纽约和康涅狄格州的私人住宅、一栋位于意大利撒丁岛的现代海滩别墅，以及中国香港、英国伦敦、阿联酋迪拜和卡塔尔多哈的大型项目。近期的项目包括宏伟而历史悠久的克罗伊克斯花园城堡，其坐落在可俯瞰法国南部戛纳湾的花园内。近期的其他项目包括3栋位于科威特的别墅，别墅周围被郁郁葱葱的花园所环绕。还有英国一套建筑风格令人印象深刻的、可俯瞰海德公园的复式公寓，以及一艘目前位于希腊科孚岛的工程游艇。

设计理念：令人印象深刻的美丽的室内设计，与轻松的舒适感相平衡

敖瀚

设计师： 敖瀚（Han Ao）

公司： 北京瀚唐风景室内设计有限公司

　　该公司位于中国北京，专注于主题餐厅和购物中心的设计。目前的项目包括展示唐朝繁荣和辉煌的北京宴（亚投行店）、官也街澳门火锅（北京丽都店），以及标志性的新川菜品牌"麻六记"。近期的项目包括一家位于上海静安区的购物中心的商业规划和室内设计。

设计理念： 基于食物传递的内在精神，挖掘食物背后的情感和人文价值

奥勒斯娅·费多仁科

设计师：奥勒斯娅·费多仁科（Olesya Fedorenko）

公司：自然家设计工作室

　　该工作室位于俄罗斯莫斯科，专注于全球的住宅和公共空间室内设计。目前的项目包括一栋位于莫斯科的乡村别墅、一栋位于塞浦路斯的别墅和位于莫斯科的公寓。近期的项目包括位于阿联酋的公寓、一栋位于俄罗斯西伯利亚的大房子和一处位于莫斯科的乡村庄园。

设计理念：可持续的室内设计

科林设计工作室

设计师： 安妮肯·欧利-克约斯（Anniken Oulie-Kjoss，左一）、詹尼克·坦德伯格·普雷斯科（Janneke Tandberg Pracek，左二）、安妮特·韦塞尔（Anette Wessel，右二）、凯瑟琳·默克（Cathrine Mørck，右一）

公司： 科林设计工作室

　　该工作室位于挪威斯塔贝克，是一家为整个欧洲的商业和住宅客户提供高端、全案设计服务的工作室。量身定制的服务可以满足每个客户的需求，从空间规划、家居装饰到建筑设计咨询，不一而足。目前的项目包括一座位于挪威奥斯陆的大型住宅、一座位于挪威南部的现代海滨避暑别墅及一座经典的现代家族办公室。近期的项目包括一座位于挪威奥斯陆的大型联排别墅、大量山间小屋和一座位于摩纳哥的住宅。

设计理念： 定制化室内设计，在永恒、功能和舒适之间实现平衡

设计师：乔安娜·伍德（Joanna Wood）

公司：乔安娜·伍德国际设计事务所

　　该事务所位于英国伦敦，这是一个由年轻、充满热情的设计师组成的团队，他们专门从事定制化室内设计，特别着重于建筑本身。目前的项目包括该事务所在英国科茨沃尔德的新办公室和一个位于伦敦市中心的私人图书馆，还有一个刚刚开始的位于剑桥的私人住宅的三期工程。近期完工的项目包括英国的一座伊顿广场复式公寓、一处位于英国伯克郡的农舍和一套位于英国诺丁山的公寓。

设计理念：永恒风格由建筑语言营造

黄志勇

设计师： 黄志勇（Zhiyong Huang）

公司： 中国美术学院风景建筑设计研究总院有限公司

　　该公司位于中国杭州，成立于1984年，具有国家建设部颁发的建筑行业（建筑工程）甲级资质。目前的项目包括位于杭州的融合现代建筑技巧的对安徽南部木制民居进行迁移再造的儒可墨可轩，宜昌传统石村民居的仿造——南岔湾石屋部落民宿，以及对福建南部传统祖宅进行怀旧改造的厢语·香苑宾馆。近期的项目包括位于湖州的民宿尔庐·澄然居，以及对杭州古老的云漫松间度假精品民宿的翻新。

设计理念： 自然与现代

苏珊娜·洛弗尔

设计师： 苏珊娜·洛弗尔（Suzanne Lovell）

公司： 苏珊娜·洛弗尔公司

该公司位于美国芝加哥，由注册建筑师、室内设计师、艺术顾问和商务专业人士组成，可为私宅顾客提供有技术细节的、有奢华呈现的全案配套的设计服务。目前的项目包括美国伊利诺伊州高地公园的一座跨越3个地块的多代复式房屋，一座位于美国佛罗里达州科帕奇岛水边的巴厘岛风格住宅，以及合并一座位于佛罗里达州迈阿密海滩的可俯瞰大海的高层建筑中的4个独立单位。近期的项目包括位于美国南卡罗来纳州希尔顿海德岛的一处低地住宅，一座位于佛罗里达州那不勒斯的面积将近1400平方米且可以俯瞰墨西哥湾沿岸全景的顶层公寓，以及位于美国密苏里州湖畔可以俯瞰密歇根湖的悬崖顶上的一座大型度假住宅。

设计理念： 定制居住环境，打造非凡生活体验

沙利尼·米斯拉

设计师：沙利尼·米斯拉（Shalini Misra）

公司：沙利尼·米斯拉有限公司

　　该公司在英国伦敦和阿联酋迪拜都有办公室，专业从事国际豪华建筑的室内设计，包括世界各地的住宅、商业空间和酒店项目。目前的项目包括美国前设计学院博物馆（该博物馆正在被改建为一栋面积为1800多平方米的住宅）、一栋位于土耳其伊斯坦布尔博斯普鲁斯海峡上的雅利传统住宅，以及一栋位于印度孟买的顶层公寓。近期的项目包括一栋位于英国伦敦的五层住宅和一座充满艺术气息的住宅、一座位于印度德里的大型豪华农舍。

设计理念：永恒优雅

万境设计

设计师： 胡之乐（Zhile Hu）

公司： 万境设计

　　该公司位于中国杭州，注重建筑内外空间的延续性和创造性，从理解建筑、周边环境以及产品核心内容出发，探索空间、人与自然的联结，为使用者创造实用性、互动性、个性化的室内外空间。擅长做整体性设计，运用规划、建筑、景观专业资源和经验，在商业空间、办公空间、酒店及特殊探索型项目上具有丰富的实践经验。目前的项目包括舟山黄龙岛上的一个酒店设计、杭州的一家幼儿园设计和一个展厅的设计，近期的项目包括杭州的一家办公商业中心、上海的一个会所和湖州一栋别墅的室内设计。

设计理念： 设计是一种思维方式

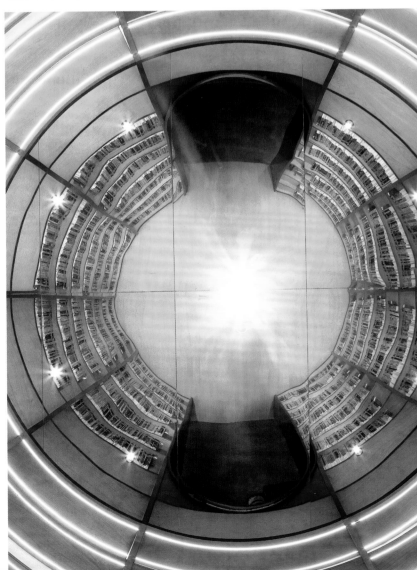

克里斯蒂安斯和海妮阿斯工作室

设计师： 海琳·福布斯·海妮（Helene Forbes Hennie，前排中间）

公司： 克里斯蒂安斯和海妮阿斯工作室

该工作室位于挪威奥斯陆，专业从事高端住宅、酒店、餐厅和办公室的室内设计。近期的项目包括几栋位于西班牙马尔贝拉的别墅和一栋顶层公寓，一栋位于奥地利的小屋和精品酒店，一栋位于法国圣特罗佩的别墅，以及位于挪威的各种住宅、餐厅和写字楼项目。

设计理念： 量身定制，优雅

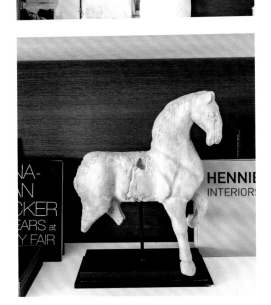

Baumschlager Eberle Architekten
2010—2020

Paris

秦岳明

设计师： 秦岳明（Ronger Kane）

公司： 深圳朗联设计顾问有限公司

　　该公司位于中国深圳，秦岳明是中国当代空间设计领域领先的设计师之一。目前的项目包括一家位于深圳的酒店，一个位于广西的展览中心，南宁荣和澜山府别墅，深圳海境界二期酒店公寓，苏州长三角金融科技中心，以及位于美国的一个私人接待会所。近期的项目包括武汉经开未来中心会所，广西华润大厦A座招商中心写字楼。

设计理念： 持之以新，格物至善

波尔莎科娃
室内设计工作室

设计师： 娜塔莉·波尔莎科娃（Nataly Bolshakova，右页图左三）

公司： 波尔莎科娃室内设计工作室

　　该工作室位于乌克兰基辅，专注于高端私人室内装饰，以及世界各地的商业项目。目前的项目包括位于格鲁吉亚巴统、格鲁吉亚第比利斯和塞浦路斯利马索尔的私人公寓。近期的项目包括位于基辅的3个项目：一个健身室、一个游戏公司的工作室和一处公寓。

设计理念： 体现客户及其背景的当代风格

孙传进

设计师：孙传进（Chuanjin Sun）

公司：无锡未视加空间设计有限公司

  该公司位于中国江苏，成立于2007年，致力于精品酒店、高端会所、水疗中心、商业展厅、商业地产等领域的定制化设计。近年已落成项目包括南京首家无人智能酒店、上海安缦养云村私人别墅和中国北方酒业集团总部园区。近期待落成项目有

简妮·莫尔斯特设计工作室

设计师： 简妮·莫尔斯特（Janie Molster）

公司： 简妮·莫尔斯特设计工作室

　　该工作室位于美国弗吉尼亚州里士满，是一家在美国各地提供全案设计服务的室内设计公司，专业从事现代住宅设计和有历史意义的翻修。目前的项目包括在美国温斯顿-塞勒姆翻修和增建一处老式地标性房产，在美国奥兰治县重新设计一座工艺品平房，以及在美国巴尔的摩重新设计一栋宽敞的住宅。近期的项目包括位于美国棕榈滩的基普斯湾设计师展厅、游泳池平台、娱乐室和凉棚客厅，美国里士满一座省级法式滨河房产的翻修，以及位于里士满历史悠久的范区的20世纪初带露台房屋的翻修。

设计理念： 跨越流派界限，尊重过去，以善为先

安娜·厄曼

设计师： 安娜·厄曼（Anna Erman）

公司： 安娜·厄曼设计工坊

　　该工坊位于俄罗斯莫斯科，专门从事商业和住宅室内空间设计，包括乡村住宅、公寓、沙龙、工作室、展厅和俱乐部。目前的项目包括位于格鲁吉亚第比利斯和俄罗斯圣彼得堡的具有历史意义的公寓，以及位于俄罗斯格伦兹克的海滩别墅和位于阿联酋迪拜的公寓。近期的项目包括一座位于莫斯科的17世纪的一套公寓、一个古董家具陈列室、一个时装工作室和一个曲棍球俱乐部。

设计理念： 功能化、个性化

万浮尘

设计师：万浮尘（Fc Wan）

公司：浮尘设计工作室

　　该工作室位于中国苏州，设计注重人文环境，让民族传统与时尚保持同步。目前的项目包括位于苏州燕江澜的浮尘设计办公室、位于合肥的老乡鸡总部大楼的建筑规划和室内设计。近期的项目包括位于苏州昆山的浮点·禅隐客栈、位于青岛的青岛东方时尚发布体验中心和位于苏州的苏州量子·馋源餐厅。

设计理念：设计于人，得益于人

托尔加德工作室

设计师： 斯泰凡（Staffan，图右）、莫妮克·托尔加德（Monique Tollgård，图左）

公司： 托尔加德工作室

　　该工作室位于英国伦敦，是一家富有创意的室内设计工作室，莫妮克·托尔加德也是一位受人尊敬的国际当代设计策展人。目前的项目包括将现有的金融科技客户转变成一座伦敦地标性建筑的扩建工程，一处位于英国白金汉郡的现代经典地产、一处位于英国伊顿广场的被列入英国受保护名录的公寓，以及一座位于科威特的建筑风格令人激动的住宅。近期的项目包括一家屡获殊荣的金融科技公司设在英国伦敦的总部，大量位于英国圣约翰伍德、贝尔格拉维亚和切尔西的住宅，以及一座位于瑞士克洛斯特的小屋。

设计理念： 大胆的当代室内设计，非常适合居住

斯基普·斯罗卡

设计师： 斯基普·斯罗卡（Skip Sroka）

公司： 斯罗卡设计公司

　　该公司位于美国华盛顿特区，斯基普·斯罗卡是美国住宅建筑和翻新项目专家，所涉及的项目包括住宅、独立式和公寓式建筑。目前的项目包括对一栋有100年历史的公寓进行全面翻修，以及建造一座优雅的现代住所，这些项目都位于美国华盛顿特区。近期的工程包括翻修一座都铎时期的大型住宅，更新一座佐治亚风格住宅，以及修建美国弗吉尼亚联邦石质住宅。

设计理念： 快乐、健康、时尚

奥格斯汀娜·德·特扎诺斯

设计师：奥格斯汀娜·德·特扎诺斯（Agustina De Tezanos）

公司：Rev工作室

　　该工作室位于危地马拉，专门从事全球私人住宅和商业室内设计。目前的项目包括美国纳帕谷葡萄酒和橄榄油品鉴综合设施的设计方案，位于洪都拉斯埃尔阿蒂约的周末度假村、位于危地马拉城的大型住宅项目设计和整个私人住宅建造。近期作品包括位于危地马拉城的公寓和大型住宅项目。

设计理念：美将拯救世界

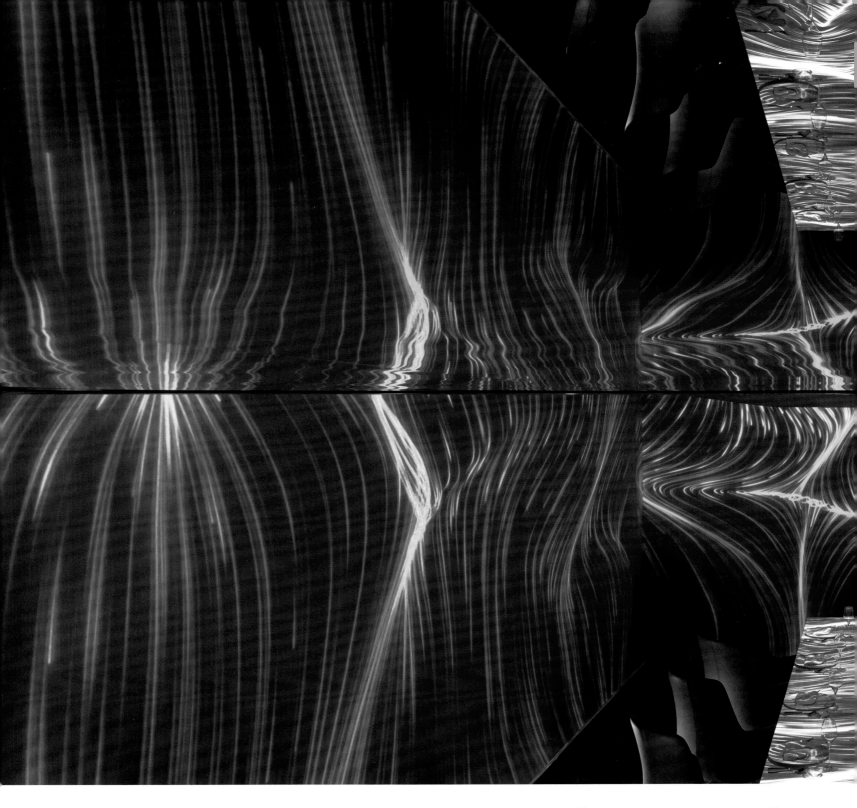

慢珊瑚
设计

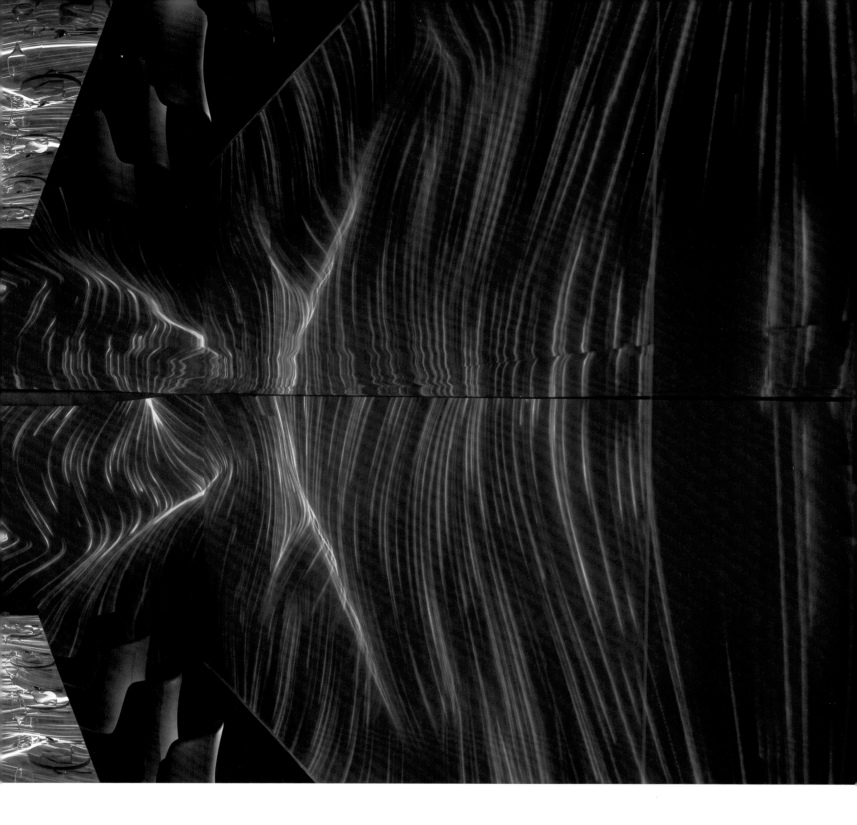

设计师： 徐晶磊（Jinglei Xu）

公司： 慢珊瑚设计

　　该公司位于中国浙江，专注于酒店、私人住宅、商业和办公空间的设计。目前的项目包括一家位于湖边的艺术餐厅、一家位于山区的民宿和一家时尚品牌的总部。近期的项目包括一座位于三亚的海滨别墅和一座位于雁荡山的主题住宅。

设计理念： 以生活为灵感的空间叙事，创造独特而舒适的美学

斯蒂凡诺·杜拉塔

设计师： 斯蒂凡诺·杜拉塔（Stefano Dorata）

公司： 杜拉塔工作室

　　该工作室位于意大利罗马，专注于公寓、酒店、别墅和游艇的室内设计，项目实施地点覆盖欧洲、北美和南美、中东和东北亚地区。目前的项目包括一栋位于瑞士卢加诺的别墅、一栋位于意大利托斯卡纳的乡村别墅和一套位于罗马玛尔古塔街的公寓。近期的项目包括一栋位于意大利皮亚琴察的别墅、一栋位于意大利庞萨岛的住宅及一栋位于罗马科佩德地区的建筑。

设计理念： 在每个项目中寻找惊喜

大象工作室

设计师：乔安娜·科雷亚（Joana Correia，第338页图右一）、阿尔瓦罗·罗奎特（Álvaro Roquette，第338页图右二）、路易斯·阿拉乌约（Luis Araújo，第338页图左一）

公司：大象工作室

　　该工作室位于葡萄牙里斯本，专注于全世界的室内设计和建筑设计，包括私人住宅、高档住宅和精品酒店。目前的项目均在葡萄牙，包括一栋位于阿尔加维的海滩别墅、一座位于里斯本的大型联排别墅，以及一家位于亚速尔群岛的精品酒店。近期的项目包括一栋位于希腊安提帕罗斯的别墅、一套位于里斯本的经典公寓和一栋位于葡萄牙卡斯凯什的大型住宅。

设计理念：个性的优雅

刘荣禄

设计师：刘荣禄（Louis Liou）

公司：杭州甲鼎室内设计有限公司

  该公司位于中国杭州，为房地产、酒店、商业空间和私人住宅提供室内设计、装饰和陈设服务，并进行艺术研究和开发工作。该公司在加拿大温哥华、美国纽约，以及中国的北京、上海、深圳、杭州、泉州、重庆和济南都做过设计。目前的项目包括北京后海四合院的高档住宅、位于海宁的长安生活艺术博物馆和位于杭州的如缘餐厅。近期的项目包括杭州景瑞、广州卡宾时尚中心和海洋友谊天朗云展厅。

设计理念：创造独特的设计词汇，体现东方时尚和前卫艺术

莫卡设计工作室

设计师： 沙兹玛·马拉德瓦拉（Shazma Maladwala）

公司： 莫卡设计工作室

该工作室位于英国伦敦，屡获殊荣，由多位多才多艺的室内设计师组成，注重服务和项目出品。莫卡设计工作室构建了一个房地产服务体系，在室内设计、家具、固定装置和设备、采购和造型方面提供定制服务。目前的项目包括两套位于英国伦敦马里波恩的复式公寓、一套位于阿联酋迪拜的顶层公寓和一栋位于西班牙伊维萨的湖畔别墅。近期的项目包括拉脱维亚的一个舞厅、美国一座位于迈阿密的别墅和一套位于纽约的公寓。

设计理念： 通透于细节，专注于卓越

科齐亚·
卡林工作室

设计师： 科齐亚·卡林（Kezia Karin）

公司： 科齐亚·卡林工作室

　　该工作室位于印度尼西亚，擅长高端的精品酒店、商业空间、住宅项目和文化空间的设计。目前的项目包括一个面积为1500平方米的国际时尚生活方式品牌展览、各种住宅和一个跑车展厅。近期的项目包括印度尼西亚一个位于泗水的面积为12000平方米的社区中心及住宅，以及几个位于印度尼西亚巴厘岛的五星级酒店项目。

设计理念： 拥抱无拘无束的想象力

弗朗西斯卡·穆齐奥

设计师： 弗朗西斯卡·穆齐奥（Francesca Muzio）

公司： FM建筑事务所

  该事务所位于意大利热那亚，成立于2010年。建筑师和企业家穆齐奥的早期职业合作包括与伦佐·皮亚诺（Renzo Piano）、贾科莫·莫托拉（Giacomo Mortola）和"5+1"建筑协会的合作。作为法拉帝集团七大游艇品牌之一"CRN"和定制线品牌的创意总监，她设计并建造了112艘超级巨型游艇。她的作品包括高端住宅和酒店设计，以及最近在意大利米兰市中心布雷拉推出的自己的FM设计工作室分部。近期的项目包括与斐帝星（Feadship）游艇、香格里拉酒店及度假村和文华东方酒店的合作。

设计理念： 人居合一

黄永才

设计师： 黄永才（Ray Wong）

公司： 共和都市设计

　　该公司专注于俱乐部、酒店、餐厅、办公室和私人住宅的设计。目前的项目包括一个位于广东的销售中心、一家位于宁夏的杜优素餐厅、位于广东的奈尔宝儿童游乐园和位于湖南的乐活餐厅。近期的项目包括MOON F餐厅、上层LEVELS娱乐场所、宋咖啡咖啡厅和CICADA宋·湘餐厅。

设计理念： 创意、冒险、多样性

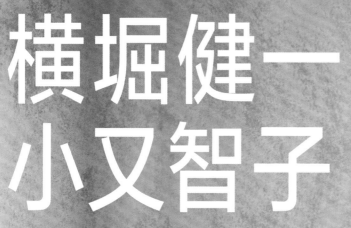

横堀健一
小又智子

设计师：横堀健一（Ken Yokobori，第36页下图；横堀达子，Tako Kometa Yokobori，第364页下图）

公司：横堀建筑设计事务所

　　该事务所位于日本东京，提供从建筑到室内设计再到产品设计，以及为各种住宅、公寓、诊所和餐厅匹配艺术品等。近期的项目包括一套位于日本东京的公寓，在东京一座由隈研吾事务所设计并于2001年完工的42层公寓楼的翻修，以及采用传统的日本和服图案设计一家米其林星级法国餐厅的外墙。目前的项目包括一座位于东京的带游泳池的住宅、一座海边别墅以及一座位于东京市中心的商业建筑。

设计理念：珍惜人和地方的故事和历史

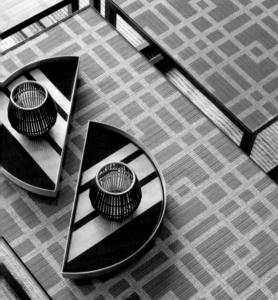

路易斯·瓦尔什
室内设计

设计师： 路易斯·瓦尔什（Louise Walsh，图右）、凯莉·泰勒（Kelly Taylor，图左）

公司： 路易斯·瓦尔什室内设计工作室

　　该工作室位于澳大利亚雷诺克斯角，为全球客户提供高档住宅和精品店的室内设计和精品开发，其设计具有思想性、风格性和前瞻性。目前的项目包括位于澳大利亚黄金海岸、努萨和拜伦湾的大量海滨住宅，以及位于澳大利亚布里斯班、黄金海岸和悉尼的各种大型住宅和精品开发项目。最近完成的项目包括一栋位于澳大利亚拜伦湾不伦瑞克河上的现代海滨别墅、一座俯瞰拜伦湾瓦特戈斯海滩的休闲海滩别墅，以及一座位于澳大利亚新南威尔士州农村的乡村别墅。

设计理念： 室内设计连接人与空间

泛域设计

设计师： 朱啸尘（Eason Zhu）

公司： 泛域设计

　　该公司位于中国杭州，是一支国际团队，致力于为不同领域的客户提供建筑设计、室内设计、安装和品牌设计。目前的项目包括时尚品牌IINC、家具品牌茶荟的展览空间和上海的一家茶馆。近期的项目包括服装品牌SKYPEOPLE零售空间、一个电子商务平台云集的办公总部办公室以及安吉民宿。

设计理念： 有趣，寻求建筑空间与事物中每一个单元体之间的本质关系、真实和一份简单的感动

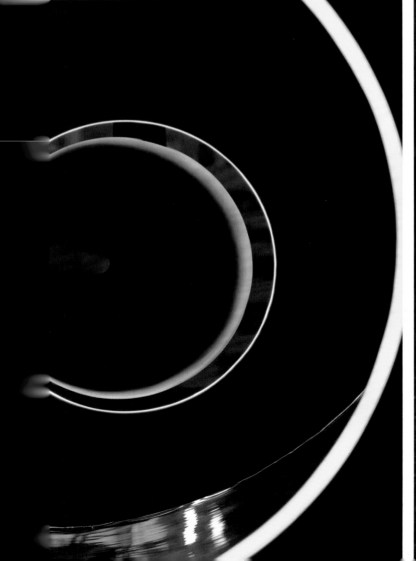

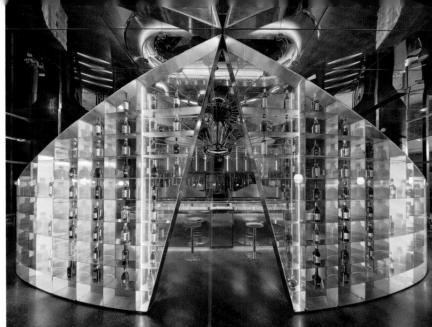

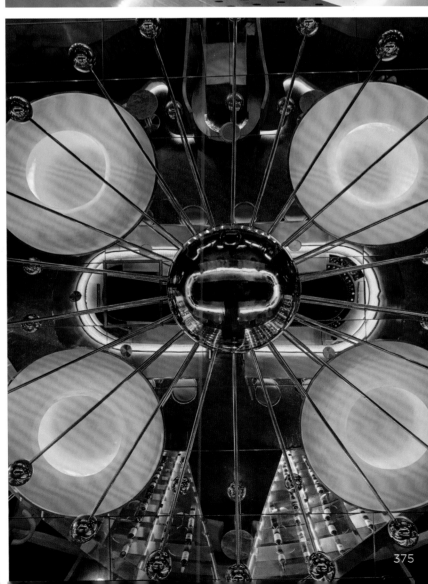

设计师：马克·赫特里奇（Marc Hertrich，图右）、尼古拉斯·阿德内特（Nicolas Adnet，图左）

公司：MHNA工作室

　　该工作室位于法国巴黎，是一支由20多名设计师组成的团队，同时进行着20多个项目，从最小的餐厅到最大的度假村和高档的私人住宅都有涉及。该工作室将很快迎来35周年生日。目前的项目包括法国一栋私人高档别墅、一个位于法国戛纳的旋转餐厅、瑞士私人汽车和摩托车收藏家的高档展示车库。近期的项目包括毛里求斯岛上的C毛里求斯度假村和水疗中心、位于摩洛哥的索菲特马拉喀什皇室宫廷酒店和瑞士苏黎世法斯班德巧克力酒店，幽默地向瑞士的美食宝藏致敬。

设计理念：美化生活

IVY+PIPER设计工作室

设计师： 伊丽莎白·弗雷克瑟（Elizabeth Flekser，图左）、米兰妮·帕克尔（Melanie Parker，图右）

公司： IVY + PIPER设计工作室

    该工作室位于澳大利亚昆士兰州，是一家经验丰富的工作室，专门从事定制住宅设计、装饰项目以及精品商业设计。目前的项目均在澳大利亚，包括位于图文巴的昆士兰人遗产、位于克莱菲尔德的住宅和一处位于阿斯科特的名人住宅。近期的工作包括澳大利亚一处位于图文巴的小屋、一座位于法国奥比尼的农场住宅和一座位于瓦努阿图的精品岛屿度假村。

设计理念： 坚持以客户为中心，对不可预测的元素进行组合

名谷设计

设计师： 潘冉（Jaco Pan）

公司： 名谷设计

　　该公司位于中国南京，是以打造在地标杆项目为目标的综合设计品牌，主要业务板块包括酒店类、地产类、先锋商业类、文化空间类。目前的项目包括位于南京的一间名为"桐集"的茶餐厅、一间德赛斯岩板的新展厅，以及铂尔曼酒店的一幢高层建筑。近期的项目包括望樾府售楼处及会所、紫金山院餐厅。

设计理念： 建筑室内设计的东方精神促进者

萨兰尼亚和瓦斯康塞洛斯工作室

设计师： 卡尔莫·阿兰哈（Carmo Aranha，左一）、罗萨里奥·特洛（Rosário Tello，右二）

公司： 萨兰尼亚和瓦斯康塞洛斯工作室

　　该公司位于葡萄牙里斯本，是一家建筑和室内设计工作室，业务涵盖住宅、商业及私人游艇。目前的项目均在葡萄牙，包括一个位于里斯本最时尚街区内的折中主义的阁楼、一栋位于阿尔加维的度假别墅和位于里斯本的自己工作室的展厅。近期的项目也均在葡萄牙，包括一处位于辛特拉的房产、一栋位于里斯本最高档建筑中的顶层公寓、一家银行的整个行政区域、一处位于孔波塔的独特度假胜地及一间位于阿尔加维金三角的艺术画廊。

设计理念： 创造力、连贯性、对比度和关联性

丽姬娅·卡萨诺瓦

设计师：丽姬娅·卡萨诺瓦（Lígia Casanova）

公司：丽姬娅·卡萨诺瓦工作室

该工作室位于葡萄牙里斯本，工作涉及住宅和商业空间的设计。目前在葡萄牙的项目包括一栋位于北部的私人住宅、一家位于中部的乡村酒店、大量位于孔波塔附近的高档住宅，以及一栋位于圣保罗的顶层公寓。

设计理念：为幸福装饰空间

上海摩克
室内设计
咨询有限公司

设计师：郭蔚（Kay Kuo，右页上图）、袁宗磊（Zonglei Yuan，右页下图）

公司：上海摩克室内设计咨询有限公司

该公司位于中国上海，专注于上海、深圳、重庆和香港的高端室内设计，包括私人住宅、私人会所和城市文化再生项目。目前的项目包括一栋位于重庆的大型别墅和一家位于常州的上市公司总部办公楼。近期的项目包括位于香港半山的顶层跃层公寓、位于上海的翠湖天地公寓、位于上海市中心的百年历史保护建筑的商业更新改造和数栋位于上海的私人别墅。

设计理念：为每个空间赋予独有的灵魂

伊丽莎白·美特卡尔菲设计工作室

设计师： 伊丽莎白·美特卡尔菲（Elizabeth Metcalfe）

公司： 伊丽莎白·美特卡尔菲设计工作室

  该工作室位于加拿大多伦多，专注于高档住宅的设计。目前的项目包括设计多伦多最新的公寓项目的七楼一整层，用以展示后现代艺术的收藏品，以及一个美国纽约时装设计师的非传统风格家居和一个结合定制建筑元素的现代主义新住宅。近期的项目包括对多伦多最受欢迎的街道之一栗树公园进行全面翻新、美国洛杉矶威尼斯海滩上的现代住宅，以及一个佐治亚风格住宅的改造设计。

设计理念： 安静、精心策划、纯正

桑吉特·辛格

设计师： 桑吉特·辛格（Sanjyt Syngh）

公司： 桑吉特·辛格工作室

　　该工作室位于印度新德里，是一家具有全球视野的建筑室内咨询公司，致力于精品空间的设计。项目涉及私人住宅、精品店、餐厅和健身房。目前的项目包括一栋位于印度新德里的高档别墅、一栋位于印度古鲁格拉姆的宽敞的顶层公寓和一栋位于阿联酋迪拜的高档别墅。近期的项目包括一栋高档别墅、一栋周末度假屋和一家零售店，均位于新德里。

设计理念： 全球加本地化，有节制的高雅

林开新

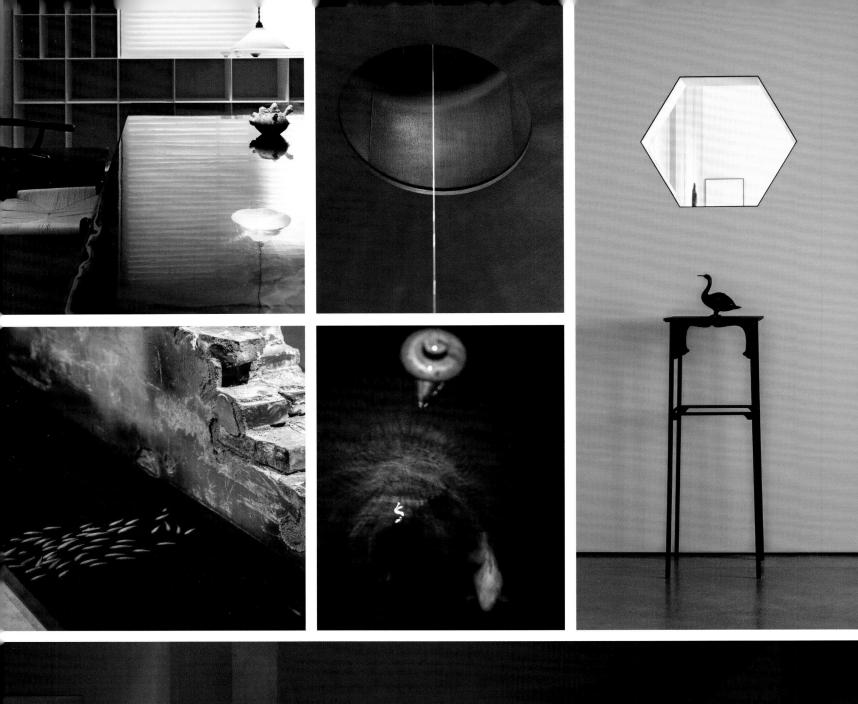

设计师：林开新（Kaixin Lin）

公司：大成设计

　　该公司位于中国福州，是一个热爱生活、注重质量的团队。目前的项目包括福州青年会—释外茶馆。近期的项目包括福州八闽小聚、精匠门工艺美学馆和共和壹号私人会所。

设计理念：念始于诚，技忠于理，设计共生

设计师：布莱恩 · 格拉克斯坦（Brian Gluckstein）

公司：格拉克斯坦设计工作室

　　该工作室位于加拿大多伦多，是一家全方位的室内设计公司，专注于国际高档住宅市场，打造高度精细的定制室内空间。目前的项目包括一座历史悠久的法国城堡、一座位于加拿大穆苏科卡的乡村别墅和一座位于美国加利福尼亚州的海滨别墅。近期的项目包括在美国阿斯彭、棕榈滩、纽约，以及加拿大多伦多的项目。

设计理念：宜居奢华

克里斯托弗·普雷恩

设计师： 克里斯托弗·普雷恩（Christopher Prain）

公司： 克里斯托弗·钱农德工作室

　　该工作室位于英国伦敦，以开放的态度在世界各地承接有趣的项目，专门从事私人住宅、花园别墅和"交钥匙"项目，以及办公室、餐厅、私人会所和商业空间的室内设计。工作室专长于保护建筑项目、新建房屋项目、定制设计和在威尔特郡自己的工坊内制作手工家具。目前的项目包括英国一栋位于肯辛顿的带大型花园的别墅，一栋位于英国骑士桥花园广场且被列为二级保护文物的住宅（带地下室游泳池），在24公顷起伏不平的英国山毛榉树林中的一座小山上开发5栋新的现代房屋。近期的项目包括一套美国纽约丽思卡尔顿酒店整层楼的私人公寓、一栋位于英国诺丁山口的带大型图书馆的房子，以及英国诺丁山口雷德贝里餐厅的家具设计。

设计理念： 创造巧妙的墙地背景，衬托舒适漂亮的家具，烘托艺术品、书籍和雕塑，为客户提供精彩的整合

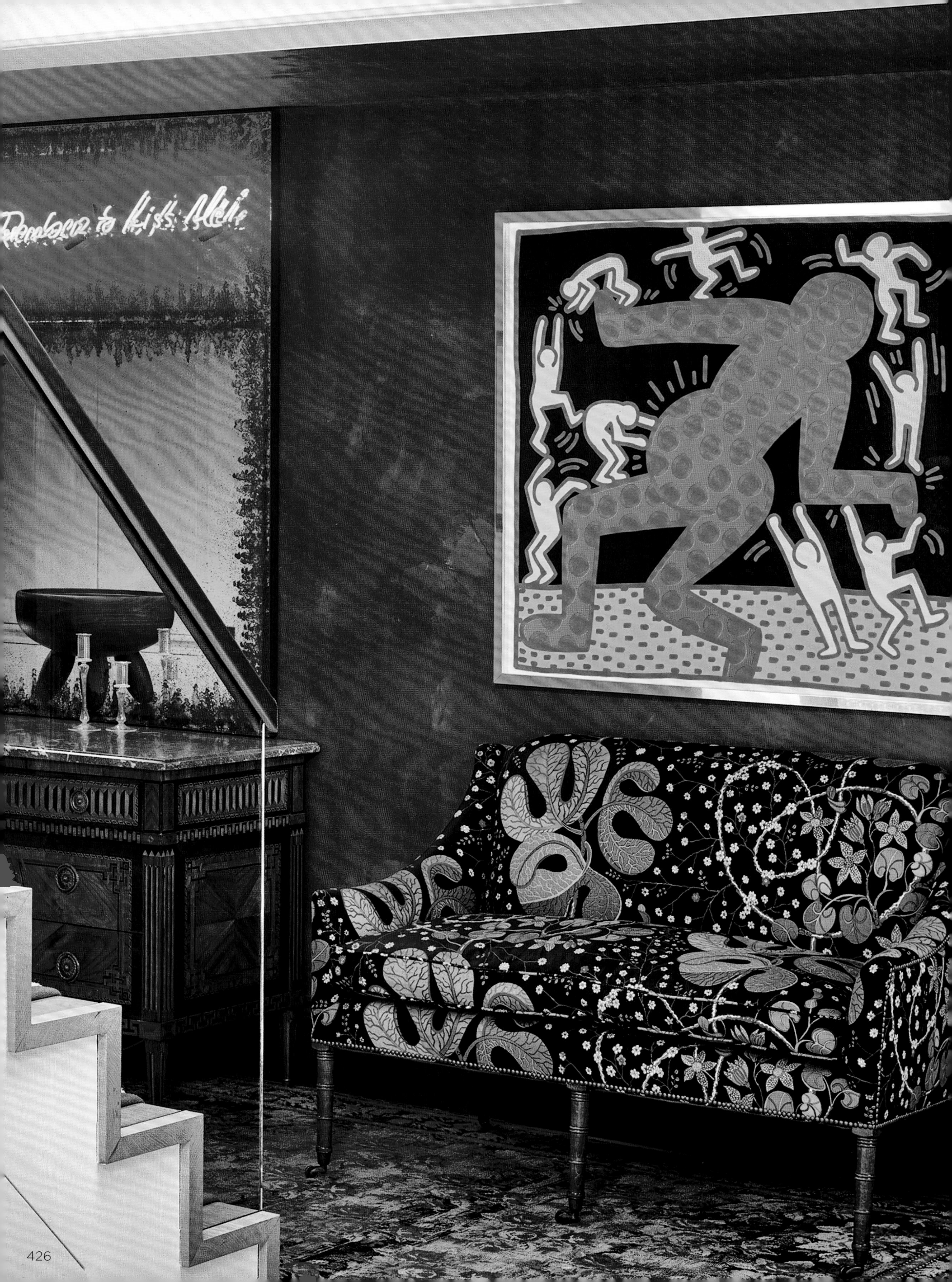

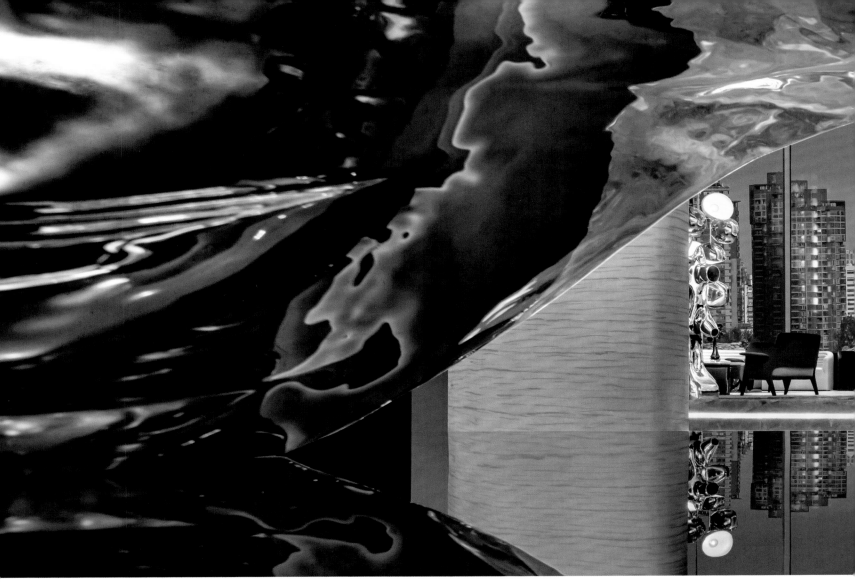

曾建龙

设计师： 曾建龙（Gary Zeng）

公司： 格瑞龙国际设计

　　该公司位于中国上海，是一家国际设计集团，提供建筑、景观、室内和产品设计，以及创意思维和商业开发模式。近期项目包括融舍·艺宿、老码头鼎琪餐厅、黛·外滩餐厅、西安莱安五号餐厅、M+巧克力皇后巧克力店、北京鲁采餐厅、南京龙泰餐厅、长沙旭辉售楼处等。目前项目包括上海外滩蟹神画宴餐厅、上海市中心哥伦比亚生活圈的新华别墅、南京余欢海鲜火锅餐厅等。

设计理念： 当代时尚海派东方

本杰明·约翰斯顿

设计师： 本杰明·约翰斯顿（Benjamin Johnston）

公司： 本杰明·约翰斯顿设计工作室

　　该工作室位于美国得克萨斯州，这是一家屡获大奖的国际知名建筑和设计工作室。目前的项目包括位于美国休斯敦纪念街区、面积为3000多平方米的住宅的建筑和室内设计，位于英国伦敦梅菲尔的高端公寓的装饰，以及一家位于美国得克萨斯州奥斯汀郊外的现代湖畔别墅。近期的项目包括位于美国休斯敦的派尼波因特村和坦格伍德的获奖住宅，以及一座位于美国华盛顿特区乔治敦地区的历史悠久的褐石住宅的重建。

设计理念： 经典，精心布置，酷

关天颀

设计师： 关天颀（Sky Guan）

公司： 空间进化（北京）建筑设计有限公司

    该公司位于中国北京，专注于建筑设计和室内设计，是一家提供定制住宅、会所、餐饮店及精品酒店等设计服务的专业化公司，并致力于文化旅游地产项目及乡村建设项目的设计探究。目前的项目包括华北元村低碳别墅、永清私宅、居·沙、张北元未来理想村等。

设计理念： 崇尚空间建构美学理念，倡导空间设计学科的"无边界"

科特内·塔特·伊利亚斯

设计师：科特内·塔特·伊利亚斯（Courtnay Tartt Elias）

公司：Creative Tonic

　　该公司位于美国得克萨斯州，擅长用色彩和图案来创造定制的、有层次感的环境，让人享受日常之美。近期的项目包括一座位于墨西哥湾海岸的充满活力的空巢老人之家，一个位于专属高尔夫社区内的当代石钢结构农舍，以及美国得克萨斯州一个多结构的丘陵乡村度假区。近期的项目包括一个经过精心翻新的20世纪中期的现代住宅，一座为美国休斯敦一个大家庭提供的庞大的超个性化的住宅，以及在休斯敦著名的河橡树区为一个建于1929年的历史老宅做翻新设计。

设计理念：为多彩的生活设计精彩住宅

设计师： 青木良彦（Ryo Aoyagi，左上图）、加藤明美（Akemi Kato，右上图）、小原尤佳（Yuka Odawara，左图）

公司： KKS集团（日本观光企划设计社）

　　该集团位于日本京都，成立于1962年，专门从事酒店设计。目前的项目包括日本有马洲际酒店、位于中国成都的日航酒店和日本日航度假信托酒店。近期的项目包括日本京都凯悦酒店、日本犬山英迪格酒店和新加坡客安酒店。

设计理念： 不易流行（Fueki-Ryuko）（俳句或日语简体诗中的一个词），意思是"有些东西本质上不会改变或不应该改变，但我们仍然应该不断采纳新的东西，并更新自己。"

克里斯汀·菲克斯肖奈特

设计师： 克里斯汀·菲克斯肖奈特（Christine Fikseaunet）

公司： 克里斯汀·F. 室内设计工作室

　　该工作室位于挪威奥斯陆，是一家热情的、个性化的公司，对纺织品充满热情，专门为住宅、办公室、餐厅和精品酒店提供定制化室内解决方案。目前的项目包括位于挪威的一家山地酒店、一座位于艾兹沃尔的大型住宅，以及一座位于奥斯陆的带屋顶露台的顶层公寓。近期的项目包括位于挪威的住宅、位于西班牙的私人住宅和一套位于挪威耶卢的滑雪公寓。

设计理念： 真诚的室内设计回应完整的生活方式

卓稣萍

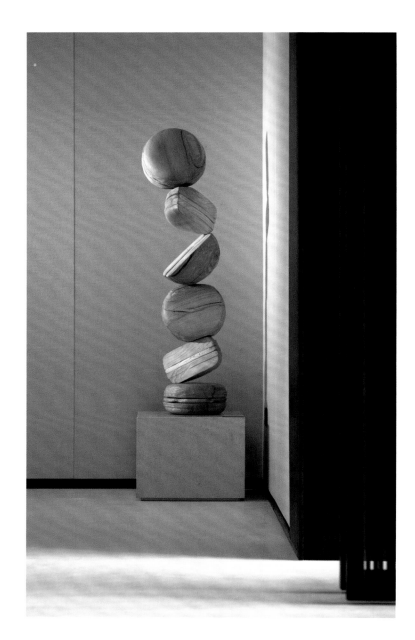

设计师： 卓稣萍（Suping Zhuo）

公司： 汉格设计

该工作室位于中国宁波，专注于中国高端室内建筑，包括私人住宅、会所、办公楼和公共建筑空间。目前的项目大多位于宁波、杭州、上海，包括山间别墅、湖畔别墅和一家集团公司的总部大楼。近期的项目包括宁波的一个综合购物广场，上海的别墅、私人会所等。

设计理念： 空间是人与建筑的关系，追求归属感、赋予情感，体现业主生活方式

卢卡斯/埃勒斯设计公司

设计师：桑德拉·卢卡斯（Sandra Lucas，左页图右）、萨拉·埃勒斯（Sarah Eilers，左页图左）

公司：卢卡斯/埃勒斯设计公司

　　该公司位于美国得克萨斯州休斯敦，凭借对设计的终生热情和对细节的非凡关注，创造出与客户多元的品位和个性相关的永恒贴心的室内设计。目前的项目包括位于美国南塔克特、卡梅尔小镇的定制住宅，以及一栋位于墨西哥卡波圣卢卡斯的海滨住宅。近期完成的项目包括位于美国罗得岛州布里斯托尔的宽敞的度假屋，以及位于得克萨斯州的其他项目。

设计理念：体现客户愿景的贴心设计

设计介入公司

设计师： 妮基·亨特（Nikki Hunt，后排左五）

公司： 设计介入公司

　　该公司位于新加坡，专注于住宅室内设计和建筑结构。目前的项目包括对新加坡一个多代同堂的家庭大院进行大修，一栋位于新加坡中部的阁楼及一栋位于新加坡东海岸的新住宅。近期的项目均在新加坡，包括修复一座殖民时期的商店，翻新一座住宅，以及在新加坡市中心重新装修一座阁楼。

设计理念： 借助设计的力量来激发心灵，抚慰身体，滋养灵魂，从而打造出能够促进快乐和幸福的家园

邦邦

设计师：邦邦（Kelly Lin）

公司：深圳市布鲁盟室内设计有限公司

　　该公司位于中国深圳，邦邦树立了"坚信心中美好"的设计信仰，专注于室内外空间设计、软装设计，服务范畴包括酒店、会所、售楼中心、样板房等。她带领着150余人的团队，始终追求有精神高度的创意设计。放眼国际，整合自然的艺术智慧和灵感，将美学素养和设计意识完美融合，为每一个项目营造独特的风格，在都市地产设计与文旅地产设计领域富有影响力。代表作品包括北京长城脚下饮马川样板房、苏州中国铁建·拙政江南别墅、应城爱漫·文旅小镇隐庐别院、昆明汉华·天马山国际温泉度假区等。

设计理念：以人文为思考原点

乔安娜·阿兰哈工作室

设计师： 乔安娜·阿兰哈（Joana Aranha，图左）、玛丽亚·阿兰哈（Maria Aranha，图右）

公司： 乔安娜·阿兰哈工作室

　　该工作室位于葡萄牙里斯本，在住宅、企业办公空间、商业空间、酒店、游艇和私人飞机领域，以创造性的方式结合多学科进行设计。目前的项目包括一家位于几内亚比绍的酒店、一家位于英国伦敦的住宅、一座位于葡萄牙里斯本的活动专用宫殿，以及几座位于葡萄牙的私人度假屋。近期的项目包括一座位于葡萄牙北部的农舍、一座位于葡萄牙阿伦特约的乡村别墅和位于里斯本的各种公寓。

设计理念： 为非凡的人创造非凡的生活

ELICYON设计公司

设计师： 查鲁·甘地（Charu Gandhi）

公司： ELICYON设计公司

　　该公司位于英国伦敦，专注于打造新式奢华，创造深思熟虑、富有远见的室内装饰。目前的项目包括一栋位于英国贝尔格拉维亚的房子、一栋位于美国纽约北部的住宅，以及一栋位于英国威斯敏斯特的顶层公寓。近期的项目包括英国摄政广场的横排遗产级公寓、一座位于英国萨里的乡村别墅和一栋位于阿联酋迪拜的顶层公寓。

设计理念： 精心策划、精心制作、有特色

CCD & UCD设计事务所

设计师: 郑忠(Joe Cheng, 左上图)、胡伟坚(Ken Hu, 右上图)、杜志越(Aiden Du, 左下图)、罗旭(Xu Luo, 右下图)

公司: CCD & UCD设计事务所

　　该事务所位于中国深圳,专注于为顶级国际品牌酒店、企业、商业综合体和高端住宅提供室内设计和咨询服务。目前的项目包括一个位于深圳的艺术、展览和办公一体化空间、一家位于上海生态公园的酒店,以及一家位于四川九寨沟的具有藏族文化特色的酒店。近期的项目包括一家位于北京的四合院式酒店、一个位于深圳的公益项目、一个与政府合作的儿童友好展览室,以及一个位于上海的百年酒店改造项目。

设计理念: 东意西境

泰勒·豪斯设计事务所

设计师： 凯伦·豪斯（Karen Howes，图左）、简·兰蒂诺（Jane Landino，图右）

公司： 泰勒·豪斯设计事务所

该事务所位于英国伦敦，是一家屡获大奖的室内设计事务所，以创造卓越的室内设计而闻名。项目涵盖私人住宅、小屋、高档住宅开发和精品酒店。目前的项目包括位于英国标志性开发区内的首都最大的顶层公寓、一座位于英国伦敦骑士桥的面积为6000多平方米的高端租赁公寓和一个新建的住宅及一个位于瑞士的小木屋。作为优秀的团队，该事务所目前超过50%的项目都是回头客。

设计理念： 以善良和诚实为核心，为世界上最挑剔的人提供卓越的室内设计

泰·丛室内设计工作室

设计师：泰 · 丛 · 夸齐（Thái Công Quách）

公司：泰 · 丛室内设计工作室

　　该工作室在越南和德国都有办公室，专注于高端私人住宅的室内设计。目前的项目包括位于越南西贡的顶层公寓和别墅。

近期的项目包括一栋顶层公寓、一栋现代别墅和一栋古典别墅。

设计理念：完善于质量、工艺、功能的各个阶段

海蒂·卡伊列尔
设计工作室

设计师：海蒂·卡伊列尔（Heidi Caillier）

公司：海蒂·卡伊列尔设计工作室

　　该工作室位于美国华盛顿州西雅图，是一家提供全案服务的室内设计工作室，在美国旧金山、洛杉矶和新英格兰，以及太平洋西北部等地开展项目。该工作室在新建建筑、简单房间翻新等方面都有丰富的经验。目前的项目包括一个位于英国汉普顿的大型住宅、一个位于美国科罗拉多州的大型住宅和旅馆，以及一座位于美国缅因州的避暑别墅。近期的项目包括美国布朗家族酒庄的品鉴室、一套位于美国纽约的公寓和一座位于美国加利福尼亚州马林县的住宅。

设计理念：住宅要舒适宜居，更要精心策划和精雕细琢

西姆斯·希尔迪奇
工作室

设计师：艾玛·西姆斯-希尔迪奇（Emma Sims·Hilditch）

公司：西姆斯·希尔迪奇工作室

　　该工作室在英国格洛斯特郡和伦敦都有办公室，是一家屡获殊荣的室内设计机构，以其永恒的英国风格而闻名。从精致的住宅和乡村庄园到城市联排别墅和公寓，不一而足。目前的项目均在英国，包括一座位于科茨沃尔德的詹姆士一世时期的庄园、一座位于著名的切尔西兵营的联排公寓，以及一个位于苏格兰高地的新建乡村射击场。近期完成的项目包括一处位于英格兰北部拥有500年历史的乡村庄园、一座位于英国伦敦的爱德华时期的联排别墅、一处位于英国泽西的住宅和一座周围风景如画的瑞士小屋。

设计理念：优雅、现代的21世纪生活

于鹏杰

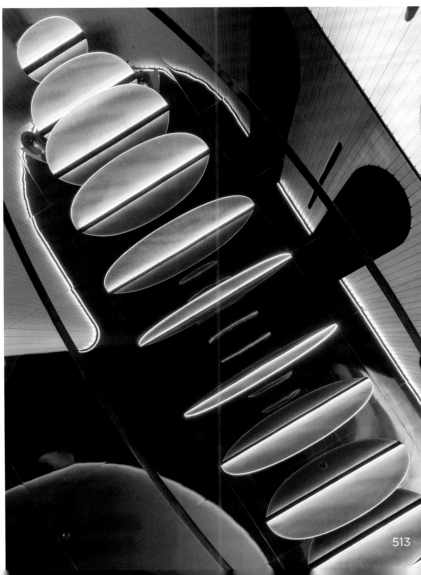

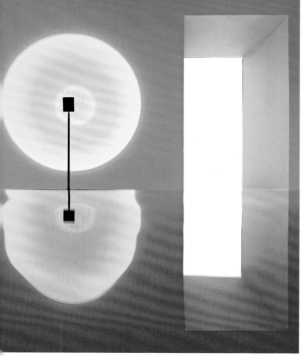

设计师： 于鹏杰（Darid Yu）

公司： Matrixing纵横

    该工作室位于中国上海，成立于2010年，是矩阵纵横旗下的子品牌之一，是创新型房地产设计的领导者，致力于将传统销售中心打造成社区的生活体验中心。目前的项目包括一个位于南昌的多功能品牌销售中心、一个位于广州的创新开放式楼层和一家位于重庆的高档社区会所。近期的项目包括贵阳的一所中小学、一套位于深圳的体育主题公寓，以及一个位于杭州的玻璃盒艺术博物馆。

设计理念： 顺应时代，创新思考

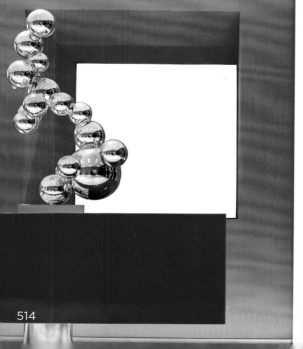

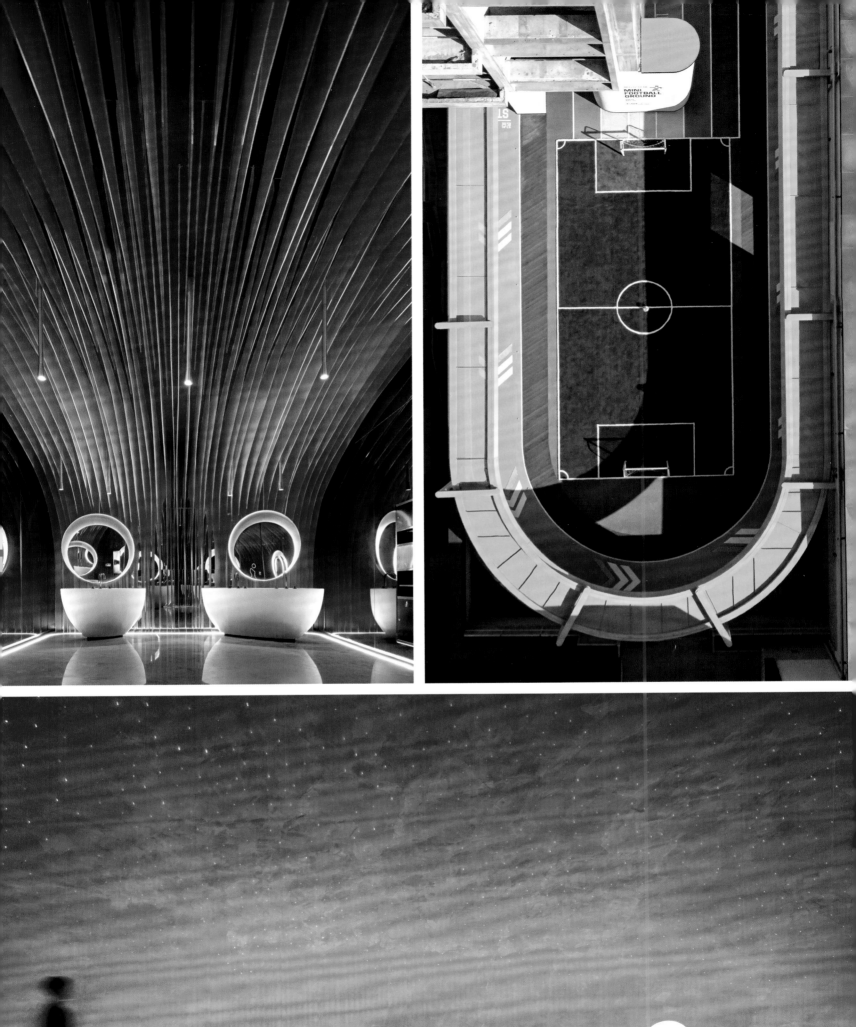